超人氣Excel Youtuber 親自傳授的VBA學習秘訣

第一次學

EXCEL VBA

就上手

從菜鳥成長為高手的
技巧與鐵則

本書的用法

本書準備了可以搭配內容執行的練習檔案。

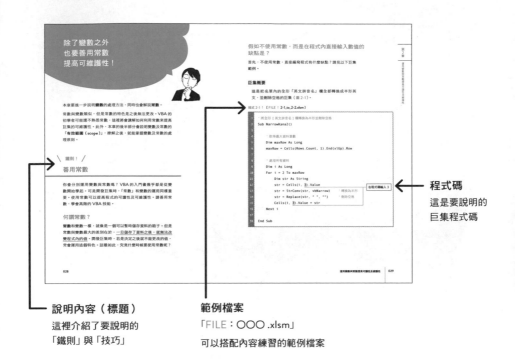

說明內容（標題）
這裡介紹了要說明的「鐵則」與「技巧」

範例檔案
「FILE：〇〇〇 .xlsm」
可以搭配內容練習的範例檔案

程式碼
這是要說明的巨集程式碼

本書的範例網址

http://books.gotop.com.tw/download/ACI034200

這裡可以下載本書的範例檔案。

擺脫巨集初學者行列，成為值得信賴的專家

謝謝你拿起這本書，我是作者「Excel 哥」，本名是たてばやし淳。

這本書是寫給希望擺脫 Excel 巨集（VBA）初學者的人。

近來企業面臨到人才不足及人力短缺的問題，因而冀望提高每位勞動者的生產力，這就是所謂的工作改革。其中，能讓 Excel 自動化的巨集（VBA），對想提高生產力的商務人士而言就像是救星，各位應該知道這是非常好用的工具。

儘管書店內陳列了為數眾多的入門書籍（這些都是好書，我過去也受益良多），但是以「**擺脫初學者行列，組合實用巨集**」為主題的 VBA 書籍卻很少見。於是有人向我提出企劃，請我撰寫一本實用的 VBA 教材，給想擺脫初學者行列的人，於是就有了這本書。

我從 2012 年開始，在 YouTube 經營「エクセル兄さんたてばやし淳」頻道，向超過 3.5 萬位頻道訂閱者提供商用 IT 電腦課程。同時也在與 Benesse 公司合作的教育平台「Udemy」上，提供影音課程給 1.7 萬名網友。

講授了許多巨集 VBA 相關課程後，我注意到以下兩點：

- 大部分的 VBA 初學者「想更上一層樓！」，卻苦無適合的進階教材。

- 過於艱深的高階教材不易理解，也很難運用在工作職場上。

這種煩惱或需求非常多。

因此我對這本書的期許是

- 為「想擺脫初學者行列，期望更上一層樓」的人量身打造、符合程度的內容。

這本書的目的之一，就是幫助你獨立製作、使用巨集，還能對公司內部或團隊做出貢獻。

這本書包含了許多學習內容，不僅可以為自己，也能為別人開發巨集。公司內的其他同事可以很方便地使用你製作的巨集，或把管理、維護巨集的工作交接給繼任者。

請務必利用本書來提升自我能力，以成為公司內可靠人士為目標，讓其他同事產生「提到巨集，就想到○○！」的印象。若能如此，我將深感榮幸，期待你的努力！

為何仍停留在初學者階段，無法擴大巨集的運用範圍？

本書的主題之一，就是「**擺脫初學者**」，為什麼必須擺脫初學者，提升自我等級？以下列舉了幾個初學者的巨集問題：

1. 沒有遵守寫程式的「原則」，造成程式不易閱讀，也很難找出錯誤。

2. 不曉得「物件化與重複使用」等方法，使得巨集開發的效率不彰。

3. 不知道如何整合 Word、Outlook 等外部應用程式，也不曉得與 CSV 及網頁內容等外部資料的整合方法，使得 VBA 的運用範圍受限。

4. 沒有考慮到其他人也會使用這個巨集，讓其他人很難運用。

即使翻閱一般的 VBA 入門書也無法解決上述問題。我要再次重申，書店裡的 VBA 入門書都很優秀，連我自己以前也曾為了學習而從中獲益良多。

不過到現在，仍找不到適當的教材來解決上述問題，提升自我等級。

因此，我希望這本書可以符合這種需求。

本書的學習重點

這本書的學習內容大致可以分成以下四點：

1. 編寫 VBA 程式的正確原則

2. 有效率的編碼方法及「物件化和重複使用」的方法

3. 與 Word、Outlook、CSV 以及網頁資料等非 Excel 的整合方法

4. 讓其他使用者能輕易使用巨集，並加快巨集的執行速度

前半部分將解說寫程式的原則及「方式」。有些人可能會覺得有點枯燥，不過只要先徹底打好基礎，後半部分就能以良好的效率來撰寫程式。

另外，後半部分除了可以擴大 VBA 的運用（整合 Excel 以外的 Office 應用程式、CSV、網路資料等），還能學會讓其他人可以方便使用巨集的作法。

一起來學習 VBA 吧！

たてばやし淳

CONTENTS

第 5 章 結合外部應用程式擴大運用範圍（1）Word 篇

第 8 章　結合外部資料擴大運用範圍（1）文字資料篇

第 9 章　結合外部資料擴大運用範圍（2）CSV資料篇

- 本書是根據 2020 年 2 月的資料撰寫而成。
- 書中出現的產品、軟體、服務版本、畫面、功能、URL、產品規格等
  全都是撰寫原稿當時取得的資料。
- 本書出版之後,這些內容可能會更動,敬請見諒。
- 本書記載的內容僅以提供資料為目的,因此使用本書的運用結果請自
  行判斷、負起責任。
- 本書在製作過程中已力求正確描述,作者及出版社皆不對本書內容做
  任何保證,關於內容的運用結果概不負任何責任,敬請見諒。
- 本書的公司名稱、商品名稱皆為各公司的商標或註冊商標。
- 本書省略了 ™ 及 ® 標誌。

第**1**章

首先要學習讓 VBA
容易閱讀的技巧

這麼辛苦…
其實是因為「寫法」造成

本章會說明利用本書學習 VBA 之前必須瞭解的基本知識。這裡可以學到編寫 VBA 程式的「原則」，做好學習後續章節內容前的準備工作。

當你在編寫 VBA 程式時，是否也曾有過這類的經驗？

> ☒ 重新檢視自己的程式，覺得看不懂，很混亂。
>
> ☒ 很難找出錯誤的原因。
>
> ☒ 看不懂別人寫的程式，也無法瞭解其中的含義。

這些問題的原因可能都出在「寫法」上。本章將介紹初學者容易出現的「錯誤寫法」，同時也會說明「正確寫法」。這裡介紹的正確寫法是指多數專業程式設計師們實際寫程式的「原則」。遵照原則寫出來的程式比較容易閱讀、理解。

＼ 鐵則！ ／

只要改變「命名」方式
就能防範缺失並輕易找出錯誤原因

造成混淆的原因在於「命名」？

「在建立巨集的過程中，無法掌握變數的值或程式的流程，結果弄得一團亂…。」、「閱讀別人寫的 VBA 時，很難看懂整個程式的流程。」你是否有過這種煩惱？這種煩惱的根源其實是來自「**命名**」。

正確命名 vs. 錯誤命名

以下將透過實際的巨集範例，讓你瞭解什麼是「錯誤命名」與「正確命名」。首先要說明主要的巨集。

圖 1-1 是購買商品的資料。我們要製作計算「單價」×「數量」，並在「金額」欄儲存格賦值的巨集。

圖 1-1

計算「單價」×「數量」=「金額」

	A	B	C	D	E	F	G	H	I
1	購物ID	日期	姓名	商品編號	商品名稱	商品分類	單價	數量	金額
2	1	2019/1/1	相川菜惠子	a00001	Word實用商業文書工作術	Word教材	3980	2	
3	2	2019/1/1	長坂美代子	a00002	Excel資料分析初級篇	Excel教材	4500	2	
4	3	2019/1/1	長坂美代子	a00003	防止電腦中毒的原則	電腦教材	3980	1	
5	4	2019/1/1	篠原哲雄	a00001	Word實用商業文書工作術	Word教材	3980	1	
6	5	2019/1/1	布施寛	a00004	超快打字技巧	電腦教材	4500	1	
7	6	2019/1/1	布施寛	a00005	PowerPoint簡報技巧	PowerPoint教材	4200	1	
8	7	2019/1/1	布施寛	a00006	PowerPoint動畫大師	PowerPoint教材	2480	2	
9	8	2019/1/1	布施寛	a00007	從零開始學習Windows	電腦教材	1980	2	
10	9	2019/1/1	布施寛	a00008	擺脫初學者的Excel技巧	Excel教材	2480	1	
11	10	2019/1/1	布施寛	a00003	防止電腦中毒的原則	電腦教材	3980	1	
12	11	2019/1/1	布施寛	a00002	Excel資料分析初級篇	Excel教材	4500	1	
13	12	2019/1/1	布施寛	a00001	Word實用商業文書工作術	Word教材	3980	1	
14	13	2019/1/1	布施寛	a00009	重頭開始學習Excel	Excel教材	2480	1	
15	14	2019/1/1	布施寛	a00010	Wi-Fi連接網際網路超入門	電腦教材	1980	1	
16	15	2019/1/1	吉川真衣	a00005	PowerPoint簡報技巧	PowerPoint教材	4200	1	
17	16	2019/1/1	吉川真衣	a00004	超快打字技巧	電腦教材	4500	1	
18	17	2019/1/1	白川美優	a00011	Excel樞紐分析表完全攻略	Excel教材	3600	1	
19	18	2019/1/1	若山佐一	a00012	Word超簡單入門	Word教材	2480	2	
20									
21									

這裡準備了兩個程式，包括錯誤命名與正確命名。

不論是程式 1-1（錯誤命名範例）或程式 1-2（正確命名範
例），巨集都能正確執行，請問問題出在哪裡呢？

程式 1-1： **錯誤命名範例** [FILE：**1-1_to_1-2.xlsm**]

```
1    Sub Macro1()
2
3        Dim r As Long
4        Dim a As Long
5        Dim i As Long
6
7        r = Cells(Rows.Count, 1).End(xlUp).Row
8
9        For i = 2 To r
10           a = Cells(i, "G").Value * Cells(i, "H").Value
11           Cells(i, "I").Value = a
12       Next i
13
14   End Sub
```

程序名稱：很難瞭解要執行何種處理

變數名稱：很難瞭解這是要處理什麼資料的變數

無法掌握每個變數的意義

程式 1-2： **正確命名範例** [FILE：1-1_to_1-2.xlsm]

```
1    Sub CalcAmount()
2
3        Dim maxRow As Long
4        Dim amount As Long
5        Dim i As Long
6
7        maxRow = Cells(Rows.Count, 1).End(xlUp).Row
8
9        For i = 2 To maxRow
10           amount = Cells(i, "G").Value * Cells(i, "H").Value
11           Cells(i, "I").Value = amount
12       Next i
13
14   End Sub
```

程序名稱：看到名稱就能瞭解處理內容

變數名稱：看到名稱就知道是什麼資料

能輕易掌握每個變數的意義

程式 1-1（錯誤命名範例）把程序名稱命名為「Macro1」，變數名稱命名為「r」及「a」。看到這些名稱時，你可以馬上瞭解並掌握其中的含義嗎？應該辦不到吧！這種名稱不僅讓人很難看懂，連你自己在重新檢視程式碼或偵錯時，也會造成困擾。除此之外，還有以下這些錯誤的命名方式（表 1-1）。

表 1-1：**錯誤命名範例**

變數名稱範例	r，a，x，y，n，m，num，str 等變數名稱讓人難以理解究竟是用來儲存何種資料（不過若只要執行短短數行的處理，局部使用較短的變數名稱反而比較容易看懂）
程序名稱範例	Macro1,Sub1、Function1、myMacro,mySub,myFunction 等程序名稱很難理解究竟要執行何種處理

正確命名有什麼特色？

程式 1-2（正確命名範例）將程序名稱命名為「CalcAmount」，變數名稱命名為「maxRow」及「amount」。一看到這些名稱，就可以輕易聯想、掌握內容及處理程序。這些名稱的共通點是由一個或多個有意義的英文單字組合成一個名稱（表 1-2）。

> Calc 的英文是指「計算」，而 Amount 代表「金額」，maxRow 是「最大列」。

表 1-2：**正確命名的範例**

變數名稱範例	maxRow	max（最大）＋ row（列）
	taxRate	tax（稅）＋ rate（率）
	shName	sheet（工作表）＋ name（名稱）
		能輕易瞭解這個變數是用來處理何種資料
程序名稱範例	CalcAmount	Calc（計算）＋ Amount（金額）
	DeleteRows	Delete（刪除）＋ Rows（多列）
	GetMaxRow	Get（取得）＋ Max Row（最大列）
	CopyRange	Copy（拷貝）＋ Range（範圍）
		能輕易瞭解這個變數是用來處理何種資料

上述這種組合兩個以上的單字來命名的方法極為普遍，只要按照這個原則，就能完成容易理解的名稱，請務必試試看。

程式碼的記法「駝峰式」與「蛇式」

還有一點要先確認的是「如何把名稱描述為程式碼？」組合英文單字＋英文單字變成一個名稱的命名規則包括「**駝峰式（camel case）**」與「**蛇式（snake case）**」。除了 VBA，其他程式設計語言也常使用這種命名方法（表 1-3）。

表 1-3：**程式命名法**

駝峰式命名法（camel case）	MaxRow, ShName, TaxRate 等（大駝峰式命名法 upper camel case） maxRow, shName, taxRate 等（小駝峰式命名法 lower camel case）	把單字的開頭變成大寫並組合在一起 ※ 這是變數名稱及程序名稱常用的命名方式 （包含第一個單字在內，所有單字的開頭皆為大寫，稱作「大駝峰式命名法」，除了第一個單字，其餘單字的開頭為大寫，稱作「小駝峰式命名法」）
蛇式命名法（snake case）	max_row, sh_name, tax_rate 等（顯示為小寫） MAX_ROW, SH_NAME, TAX_RATE 等（顯示為大寫）	單字之間用「_」(under score) 連結 ※ 常數名稱常用這種命名法

VBA 比較適合哪種命名法？

編寫 VBA 程式時，應該使用駝峰式命名法，還是蛇式命名法比較好？這個問題沒有正確答案。不過就我個人的經驗而言，VBA 程式設計師比較常用駝峰式命名法（例如，「taxRate」、「TaxRate」等）。

然而，命名「常數」時，使用蛇式命名法，以大寫英文字母顯示居多（比方說「TAX_RATE」等）。不論哪種命名法，重要的是「一旦選擇了其中一種原則，就得統一用法」。若根據不同情況改變命名原則，程式會失去一致性而難以閱讀，請特別注意這一點。

變數名稱短未必「不好」？

看到這裡，可能有人會覺得「這樣的話，最好別使用短變數名稱囉？」（例如，「i」、「x」、「buf」、「num」等）。

「變數名稱短就一定不好」這點倒也未必。比方說，For 陳述式等常使用「i」或「j」等變數名稱當作計數變數。這些變數名稱不僅常用在計數變數上，而且名稱短，也具有提高程式易讀性的優點。此外，若想在幾行程式內執行暫時性處理，也可以使用短變數，例如：將數值 1 與數值 2 相加時，可以使用「num1」、「num2」變數名稱。因為短變數名稱有著提高程式易讀性的優點。

「究竟哪種比較好？」其實要「視狀況而定」。看程式的人會不會覺得「好懂／容易瞭解？」請按照實際的狀況，分別使用短變數名稱或長變數名稱。

應該使用中文變數名稱或程序名稱？

VBA 可以使用中文的變數名稱或程序名稱。可是我個人建議別使用中文命名，理由很簡單，「中文名稱很難使用程式自動完成功能」。

例如：變數名稱可以命名為「稅率」。

VBE 具有自動完成功能，例如，變數命名為「maxRow」時，一旦輸入「max」，按下 Ctrl ＋ Space 鍵，就會自動完成「maxRow」。假如變數名稱使用中文命名，如「最大列數」，得先輸入中文字，再按下 Ctrl ＋ Space 鍵，才能使用自動功能。用中文命名只會增加輸入程式的時間，所以我個人很少使用。不過用中文命名的優點是「容易瞭解」。

\ 鐵則！/

宣告變數的類型！
避免誤入錯誤陷阱

為什麼變數最好要宣告類型？

在 VBA 宣告變數時，可以省略類型。此時，會自動宣告成 Variant 型。

程式範例

```
Dim num As Long      ' 指定為 Long 型（整數型）
Dim num              ' 沒有指定類型（Variant 型）
```

Variant 型的變數可以儲存任何資料，非常方便。可是「不指定變數類型也沒關係，反正會自動變成 Variant 型」這種馬虎的作法是有風險的。

以下舉一個沒有宣告變數類型，使得巨集產生意外結果的例子。

程式範例 ： **修改前** ［FILE ： 1-before_after.xlsm］

```
Sub AddNumbers()

    ' 在不指定類型的情況下宣告變數
    Dim num1
    Dim num2

    ' 使用者輸入數值
    num1 = InputBox("1 個的  ")   ' 輸入 100
    num2 = InputBox("2 個的  ")   ' 輸入 100

    MsgBox num1 + num2          ' 執行結果是 100100

End Sub
```

上述巨集是用 InputBox 函數顯示對話方塊，把使用者輸入的兩個數值相加再輸出結果。可是在 InputBox 輸入「100」

與「100」之後，卻沒有輸出「200」，而是變成「100100」
（圖 1-2）。

圖 1-2

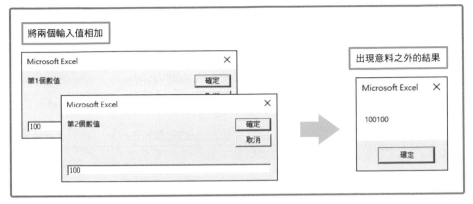

為什麼會失敗？原因在於，宣告變數時，沒有指定類型而變成
Variant 型。

因為 InputBox 函數傳回的是字串，Variant 變數將使
用者輸入的「100」當成了字串 "100"。再加上，「num1 +
num2」的運算把字串連結起來，所以輸出了 100100。

因此，沒有指定變數類型時，可能遇到意想不到的問題。

為了避免出現這種狀況，宣告變數時，最好指定類型，不要
省略。

上述程式範例在宣告變數時，將類型指定為 Long 型，就能避
免發生錯誤。

程式範例： **修改後** [FILE ： 1-before_after.xlsm]

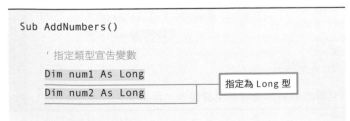

```
Sub AddNumbers()

    ' 指定類型宣告變數
    Dim num1 As Long            指定為 Long 型
    Dim num2 As Long
```

接下頁

```
    ' 使用者輸入數值
    num1 = InputBox("1 個的 ")    ' 輸入 100
    num2 = InputBox("2 個的 ")    ' 輸入 100

    MsgBox num1 + num2    ' 執行結果是 200

End Sub
```

別省略變數類型！這樣可以提高易讀性

不省略變數類型，清楚完成設定，也具有提高程式易讀性的優點。請見以下程式範例，我們可以從變數宣告中取得更多資訊。

程式範例

```
Dim userName As String    ' 使用者名稱   字串型
Dim userId As Long        ' 使用者 ID  整數型
Dim birthDate As Date     ' 出生日期   日期型
Dim userMail As String    ' 電子郵件   字串型
```

如何？除了變數名稱之外，我們也能根據類型推測出這個變數的目的。

省略類型時，使用者也會少取得一項資料。不曉得類型時，使用者就得逐一瀏覽程式碼，才能確認後面變數的賦值，這樣非常麻煩。

只要清楚指定變數類型，就能寫出除了自己之外，其他使用者也能輕易看懂的程式。

設定「要求變數宣告」，防止忘記宣告或拼字錯誤

以下要介紹避免忘記宣告變數或拼字錯誤的重要設定，那就是「要求變數宣告」選項。

操作方法

1. 在 VBE 執行「工具」→「選項」命令,啟動選項視窗。

2. 勾選「編輯器」標籤內的「要求變數宣告」,然後按下「確定」鈕(圖1-3)。

圖 1-3

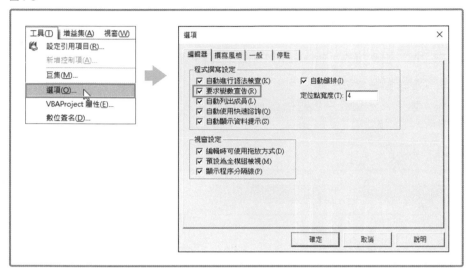

結果

如果不宣告就使用變數,會出現編譯錯誤(圖1-4)。

程式範例

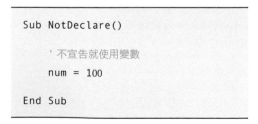

```
Sub NotDeclare()

    ' 不宣告就使用變數
    num = 100

End Sub
```

圖 1-4

執行上述程式範例，會出現編譯錯誤而無法執行巨集。這是因為沒有宣告變數 num，就直接賦值的緣故。

補充說明

如果要避免出現錯誤，必須在變數 num 的前一行輸入「Dim num As 型（Long 等）」，先宣告變數。

補充說明：自動插入「Option Explicit」陳述式

開啟「**要求變數宣告**」選項之後，新增模組時，會在宣告區段（輸入第一個程序之前的區域）自動插入「Option Explicit」陳述式。

圖 1-5

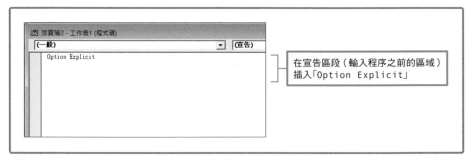

這個陳述式具有在模組內要求變數宣告之意。因此，即使沒有在選項內開啟「要求變數宣告」，輸入 Option Explicit 陳述式也同樣會強制宣告變數。可是每次都要輸入陳述式很麻煩，因此建議先開啟「要求變數宣告」選項。

不開啟「要求變數宣告」有何缺點?

倘若沒有設定這個選項,會發生什麼錯誤或問題?最典型的例子就是「雖然已經宣告變數,卻因為拼字錯誤而造成意外的結果」。

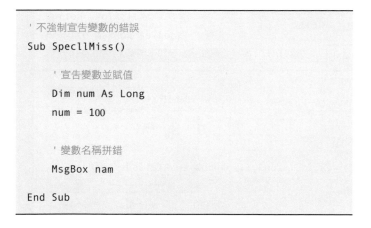

以下程式範例(程式 1-3)的狀況是:

- 沒有開啟「要求變數宣告」選項
- 就宣告了變數「num」
- 卻把「num」拼錯,變成「nam」

程式 1-3:[FILE : **1-3.xlsm**]

```
' 不強制宣告變數的錯誤
Sub SpecllMiss()

    ' 宣告變數並賦值
    Dim num As Long
    num = 100

    ' 變數名稱拼錯
    MsgBox nam

End Sub
```

執行結果

輸出空白訊息(圖 1-6)。

圖 1-6

上述程式應該宣告變數 num，並賦值「100」，可是最後卻拼錯成「nam」。VBE 未開啟「要求變數宣告」（且沒有輸入 Option Explicit 陳述式），一旦出現沒有宣告的變數，就會自動宣告為 Variant 型。換句話說，在拼錯字的 MsgBox nam 這一行宣告了新的變數「nam」，而 MsgBox 函數輸出了該值。變數 nam 沒有被賦值，使得輸出了空值 Empty（Variant 變數沒有儲存任何值的預設值）。

上述錯誤是沒有確實宣告變數，因拼錯變數名稱而造成的結果。這種錯誤是一種「邏輯錯誤」，實際寫程式時，往往很難察覺，雖然可以正常執行巨集，卻出現意料之外的結果，常要大費周章地尋找原因。

那麼，開啟了「要求變數宣告」選項時會如何？在按下執行巨集按鈕的當下，會出現「變數未定義」的提醒視窗，並且反白顯示「nam」。因此可以立即瞭解「nam」拼錯了。

圖 1-7

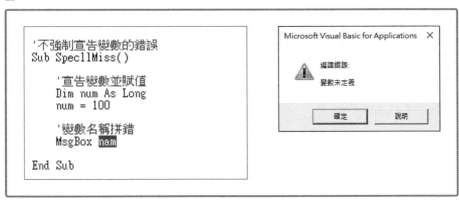

「要求變數宣告」選項除了提醒別忘記宣告變數之外，也能有效防範因拼錯字而產生的邏輯錯誤。請務必先開啟該選項，別怕麻煩。

適當縮排與換行
讓程式碼容易閱讀

當初學者把自己寫的程式碼貼在 VBA 的討論區，提出問題時，常看到回文者表示「這個程式碼沒有縮排，很難看懂。」由此可見，沒有**縮排**的程式碼對其他人而言很難閱讀。事實上，當我還是初學者時，也曾被別人這樣講過。將程式碼適當縮排或換行，自己與別人都比較容易看懂。相對來說，完全沒有縮排與換行的程式碼閱讀起來很痛苦。

無換行及縮排的程式碼 vs.
有換行及縮排的程式碼

請比較以下兩個程式範例（程式 1-4-bad、程式 1-4-good），仔細思考哪個程式碼比較容易瞭解。

程式 1-4-bad ： 難以閱讀的範例 〔FILE ： 1-4 bad_good.xlsm〕

```vba
Sub CalcAmount_NoFormat()
Dim maxRow As Long
Dim amount As Long
Dim i As Long
maxRow = Cells(Rows.Count, 1).End(xlUp).Row
For i = 2 To maxRow
amount = Cells(i, "G").Value * Cells(i, "H").Value
Cells(i, "I").Value = amount
Next i
End Sub
```

> 沒有換行，很難判斷語法的斷句

> 沒有縮排，很難瞭解程式碼的階層

程式 1-4-good：**容易閱讀的範例** 〔FILE：**1-4-bad_good.xlsm**〕

```vba
 1   Sub CalcAmount_Format()
 2                                          ──── 適當換行
 3        Dim maxRow As Long
 4        Dim amount As Long
 5        Dim i As Long
 6
 7        maxRow = Cells(Rows.Count, 1).End(xlUp).Row
 8
 9        For i = 2 To maxRow
10            amount = Cells(i, "G").Value * Cells(i, "H").Value
11            Cells(i, "I").Value = amount
12        Next i
13                    縮排後的程式碼階層一目瞭然
14   End Sub
```

相信大部分的人都會認為程式 1-4-good 比較「容易看懂」。為什麼？即是如下二個重點。

☑ 適當「**換行**」

☑ 適當「**縮排**」

由此可知，這裡的重點與「易讀性」有關。該如何換行或縮排呢？以下將分別說明這兩個部分。

利用縮排呈現程式碼的階層

「在哪裡**縮排**可以讓程式碼比較容易懂？」一般來說，要在下個陳述式之「間」的程式碼加上縮排。

> ◪ Sub ～ End Sub
> ◪ If ～ End If
> ◪ For ～ Next
> ◪ With ～ End With 等

介於語法開頭到結束之間的程式碼前後應該都要縮排一階。

程式 1-4-indent1：〔FILE：**1-4-indent1.xlsm**〕

```
Sub IndentedCode1()

    Dim num As Long
    num = 100
    Range("A1").Value = num

End Sub
```

上面將介於 Sub ～ End Sub 之間的程式碼縮排了，表示「縮排的程式碼包含在 Sub ～ End Sub 之中」。因此，使用者可以直覺瞭解哪裡算是一個 Sub 程序，請見以下程式範例。

程式 1-4-indent2：〔FILE：**1-4-indent2.xlsm**〕

```
Sub IndentedCode2()

    If Range("A1").Value >80 Then
        MsgBox " 數值超過 80"
        Range("B1").Value = " 合格 "
    End If

    With Sheets("Sheet1")
        .Range("C1").Value = .Range("D1").Value
```

接下頁

```
        MsgBox "將儲存格 D1 的值寫到 C1"
    End With

End Sub
```

上述範例將「Sub ～ End Sub」之間的程式碼縮排，還進一步把「If ～ End If」之間及「With ～ End With」之間也縮排，整個程式碼的階層如圖 1-8 所示。

圖 1-8

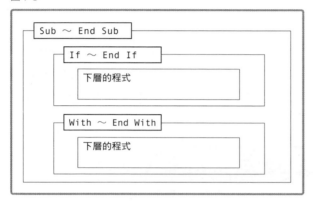

由上圖可以瞭解，整個程式分成三個階層。

當「●●的下層有××，再下層有▲▲」時，使用多個縮排，讓程式碼的階層一目瞭然是非常重要的工作。

適度換行顯示程式碼的「區塊」

假如收到完全沒有換行且長篇大論的商業文件或電子郵件，你應該會覺得「哇…這樣很難看懂吧！」VBA 的程式碼也同理可證，如果沒有換行，就會不易閱讀。相對來說，適度換行可以讓程式碼變得比較易讀且方便理解。那麼應該在哪裡換行呢？關於這一點，請參考以下程式範例及說明。

程式範例的說明

假設有一份使用者資料清單，如圖 1-9 所示。部分「姓名」的姓氏與名字之間有半形空格（" "），部分沒有，而且「電子郵件」也混入了全形／半形的資料。因此我們想建立巨集，將姓名的半形空格刪除，並將電子郵件轉換成半形（程式 1-4- 換行）。

圖 1-9

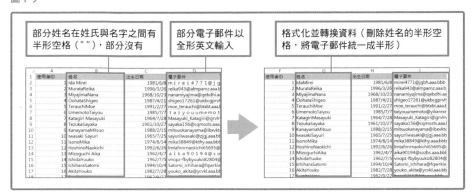

程式 1-4- 換行 ：〔FILE ： **1-4-newline.xlsm**〕

```vba
1    ' 格式化資料並輸出到右側的表格
2    Sub FormatData()
3
4        ' 宣告變數
5        Dim userId As Long          ' 使用者 ID
6        Dim userName As String      ' 姓名
7        Dim birthDate As Date       ' 出生日期
8        Dim userMail As String      ' 電子郵件
9
10       ' 取得最後一列
11       Dim maxRow As Long
12       maxRow = Cells(Rows.Count, 1).End(xlUp).Row
13
14       ' 重複到最後一列
15       Dim i As Long
16       For i = 2 To maxRow
```

在每個相同的處理步驟插入空行進行分組

接下頁

```
17
18        ' 從左側的表格取得資料作為變數
19        userId = Cells(i, "A").Value
20        userName = Cells(i, "B").Value
21        birthDate = Cells(i, "C").Value
22        userMail = Cells(i, "D").Value
23
24        ' 將資料格式化
25        userName = Replace(userName, " ", "")
26        userMail = StrConv(userMail, vbNarrow)
27
28        ' 輸出到右側的表格
29        Cells(i, "F").Value = userId
30        Cells(i, "G").Value = userName
31        Cells(i, "H").Value = birthDate
32        Cells(i, "I").Value = userMail
33
34    Next
35
36    MsgBox " 資料格式化完成。"
37
38 End Sub
```

上述程式範例把執行相同處理的程式碼當作「區塊」，在區塊之間插入了空行。例如：

- 宣告變數
- 取得最後一列
- 重複到最後一列
- 從左側的表格取得資料作為變數

由此可以得知，這裡把執行上述處理的程式碼當成「區塊」來區別。

這種換行方式並非「絕對不變的原則」，頂多只是筆者主觀認為「這樣換行比較容易閱讀」而已。重點是，要適當插入空行，方便使用者閱讀。請務必多嘗試看看。

如何讓程式碼中途換行？

「換行」也包括了「程式碼中途換行」的情況。VBA 在每行途中輸入「_」（**半形空格＋底線**），就能讓程式碼中途換行。一行程式碼過長就會不易閱讀，請見以下程式範例。

程式範例概要

這個程式是拷貝工作表「Sheet1」的儲存格 A1，貼上工作表「Sheet2」的儲存格 A2。

程式範例： **沒有換行的程式碼**

```
1    ' 很長一行的程式碼
2    Worksheets("Sheet1").Range("A1").Copy Destination:=Worksheets
       ("Sheet2").Range("A2").Value
```

補充說明

上述程式範例因版面關係，顯示成中途換行的狀態，但是實際上 VBE 的程式碼不會自動換行，會一直往右延伸。

一旦出現上述這種很長一行的程式碼，就得不斷往右移動視線，才能看完整個程式碼，非常不易閱讀。

假如程式碼超過 VBE 的視窗右側，就得使用捲軸捲到右邊，才能看到最末端（圖 1-10），這樣做也很麻煩。

圖 1-10

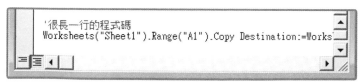

因此插入換行，如圖 1-11 所示。

圖 1-11

```
'很長一行的程式碼
Worksheets("Sheet1").Range("A1").Copy _
    Destination:=Worksheets("Sheet2").Range("A2").Value
```

如上所示，中途換行之後，就解決了程式碼過長難以閱讀的問題。在「.Copy」後面輸入半形空格＋「_」再換行，代表程式碼持續到下一行。

此外，這個程式範例在第二行「Destination」的前面按了兩次 Tab 鍵縮排，這是為了以視覺化方式表現「第二行是第一行中途換行後延續的程式碼」，不過這裡不見得非得縮排不可。

假如沒有縮排，對齊左側，程式也不會有任何問題，這只是筆者個人在過去看過的程式中，採用了感覺「比較容易瞭解」的方法。

圖 1-12

利用縮排表示這是延續第一行的程式碼（沒有強制）

＼ 鐵則！／

寫上註解來說明程式

閱讀其他人的程式時，你可能有過「這個部分的用意是什麼？」的疑問。此時，可以仰賴的資料就是「**註解**」。先清楚寫上註解，就能把你寫這段程式的用意傳達給使用者。適當寫上註解的程式，不僅方便其他人閱讀，自己重看時，也能一看就懂，提高偵錯效率。

何謂適當的註解？

那麼，註解需要寫多少內容呢？這裡將搭配以下程式範例（程式 1-5）來說明。

巨集概要

這裡舉的巨集範例和「**適度換行顯示程式碼的『區塊』**」一樣。

程式 1-5： **註解** 〔FILE： **1-5.xlsm**〕

```vba
1   ' 格式化資料並輸出到右側的表格                    ❶ 說明程序
2   Sub FormatData()
3
4       ' 宣告變數
5       Dim userId As Long        ' 使用者 ID
6       Dim userName As String    ' 姓名
7       Dim birthDate As Date     ' 出生日期
8       Dim userMail As String    ' 電子郵件          ❷ 說明變數
9
10      ' 取得最後一列
11      Dim maxRow As Long
12      maxRow = Cells(Rows.Count, 1).End(xlUp).Row
13
14      ' 重複到最後一列
15      Dim i As Long
16      For i = 2 To maxRow
17
18          ' 從左側的表格取得資料作為變數
19          userId = Cells(i, "A").Value
20          userName = Cells(i, "B").Value
21          birthDate = Cells(i, "C").Value
22          userMail = Cells(i, "D").Value
23
24          ' 將資料格式化
25          userName = Replace(userName, " ", "")
26          userMail = StrConv(userMail, vbNarrow)
```

接下頁

```
27
28        ' 輸出到右側的表格
29            Cells(i, "F").Value = userId
30            Cells(i, "G").Value = userName        ❸說明各項處理
31            Cells(i, "H").Value = birthDate
32            Cells(i, "I").Value = userMail
33
34        Next
35
36        MsgBox " 資料格式化完成。"
37
38    End Sub
```

程式 1-5 輸入了下説明。

表 1-4

❶ 說明整個程序	說明整個程序執行了哪些處理？ 若有參數或傳回值則說明其內容
❷ 說明變數或常數	說明變數或常數是用來儲存什麼內容
❸ 各項處理說明	說明各項處理的結果
其他	視狀況寫上需要特別說明的事項

如果能和上述註解一樣，沒有多餘贅述，就能寫出對自己及對
別人而言都很方便的程式。

註解愈多愈好？

看到這裡，可能有人會以為「這樣的話，註解寫多一點比較好
囉？」事實上未必如此，註解一旦變多，有時反而不利閱讀。

例如，以下的情況。

1. 直接用註解說明程式的內容

程式範例

```
' 將第 i 列第 1 欄儲存格的值賦值給 userName
userName = Cells(i, 1).Value
```

這種註解只說明了程式碼的意思，所以有人會覺得「這種說明只要看了程式碼就懂了，何必多此一舉。」像這種註解最好直接刪除。有時說明「目的」會比說明程式的「意思」還來得有效果。

例如，可以將註解改寫成「取得使用者名稱」。

2. 相同處理寫上個別註解

```
' 取得使用者 ID
userId = Cells(i, "A").Value
' 取得姓名
userName = Cells(i, "B").Value
' 取得出生日期
birthDate = Cells(i, "C").Value
' 取得電子郵件
userMail = Cells(i, "D").Value
```

這種註解說明了分別從相鄰的儲存格取得四種值。

相同處理若分別寫上註解會讓人覺得冗長而難以閱讀。

此時，可以整合成一個註解，如下所示。

```
' 取得使用者的資料
userId = Cells(i, "A").Value
userName = Cells(i, "B").Value
birthDate = Cells(i, "C").Value
userMail = Cells(i, "D").Value
```

應該有比較多人覺得這樣看起來較為清楚易讀吧？如上所示，
把相同處理的說明整合成一個註解，也是一種不錯的方法。

以上只是根據筆者的經驗來調整「易讀」的註解分量，不見得
每個人都會有相同的感覺。

註解分量及易讀性並不容易拿捏。

不過筆者認為重要的是，思考註解時，必須隨時注意到「這個
程式有沒有因為註解而讓別人比較容易閱讀？」

第**2**章

運用變數與常數提高
可讀性及維護性

除了變數之外
也要善用常數
提高可維護性！

本章要進一步說明**變數**的處理方法，同時也會解説**常數**。

常數與變數類似，但是常數的特色是之後無法更改。VBA 的初學者可能還不熟悉常數，這裡將會講解如何利用常數來提高巨集的可維護性。此外，本章的後半部分會説明變數及常數的「**有效範圍（scope）**」，瞭解之後，就能掌握變數及常數的處理原則。

＼ 鐵則！ ／

善用常數

你會分別運用變數與常數嗎？ VBA 的入門書幾乎都是從變數開始學起。可是開發巨集時，「常數」和變數的運用同樣重要。使用常數可以提高程式的可讀性及可維護性。請善用常數，學會高階的 VBA 技能。

何謂常數？

常數和變數一樣，就像是一個可以暫時儲存資料的箱子。但是常數與變數最大的差別在於，一旦儲存了資料之後，就無法改變程式內的值。開發巨集時，若是決定之後就不能更改的值，常會運用這個特色。話雖如此，究竟什麼時候要使用常數呢？

假如不使用常數，而是在程式內直接輸入數值的缺點是？

首先，不使用常數，直接編寫程式有什麼缺點？請見以下巨集範例。

巨集概要

這是把名單內的全形「英文拼音名」欄全都轉換成半形英文，並刪除空格的巨集（圖 2-1）。

程式 2-1：〔FILE：**2-1_to_2-2.xlsm**〕

```vba
1   ' 將全形 [ 英文拼音名 ] 欄轉換為半形並刪除空格
2   Sub NarrowKana2()
3
4       ' 取得最大資料筆數
5       Dim maxRow As Long
6       maxRow = Cells(Rows.Count, 1).End(xlUp).Row
7
8       ' 處理所有資料
9       Dim i As Long
10      For i = 2 To maxRow
11          Dim str As String
12          str = Cells(i, 3).Value                      在程式碼輸入 3
13          str = StrConv(str, vbNarrow)     ' 轉換為半形
14          str = Replace(str, " ", "")      ' 刪除空格
15          Cells(i, 3).Value = str
16      Next i
17
18  End Sub
```

圖 2-1

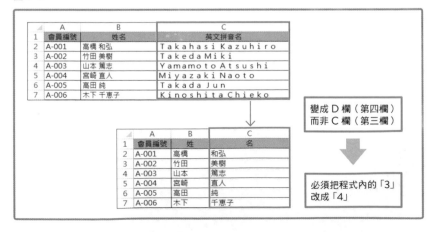

程式 2-1 為了指定全形「英文拼音名」欄，在 Cells 的參數直接輸入「3」，變成 Cells(i,3)。

這樣巨集也能正常執行，可是其中有什麼問題呢？假如日後必須修改程式會如何？

變更內容

假設工作表有以下更動。

- 把「姓名」欄分成「姓」與「名」兩欄
- 因此全形「英文拼音名」從第三欄變成第四欄

圖 2-2

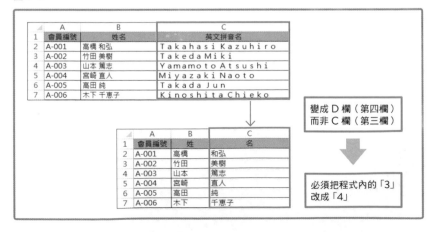

假如出現上述變更，VBA 程式碼就得將 Cells 的參數「3」
全都改成「4」，這樣會產生以下問題。

> ☒ **必須花時間逐一修改程式。**
>
> ☒ **可能疏忽要修改的部分，而發生遺漏的風險。**

這種直接在程式碼輸入數值，之後出現非修改不可的情況時，
會很花時間，而且也可能疏忽了要更改的部分而造成錯誤。

這種問題就可以利用「常數」來解決。

常數的特色

我們再仔細說明一下常數。常數與變數類似，但是儲存資料之
後，無法更改程式碼內的值。除此之外，變數與常數還有以下
差異。

> ☒ **常數與變數一樣，可以指定並宣告名稱與類型**
>
> ☒ **宣告常數要使用「Const」陳述式而不是「Dim」。**
> Const [常數名稱] As [類型] =
>
> ☒ **常數在宣告的同時也會儲存數值。（之後無法改變這個值）**
> Const COL_KANA As Long = 3
>
> ☒ **常數名稱通常使用蛇式命名法，以英文大寫命名居多。**
> （例如：COL_KANA 等）

該如何使用常數才能解決前面提到的巨集問題？下一節會檢視
具體內容。

使用常數改善程式
提升可維護性及便利性

程式 2-2 是使用常數修改程式 2-1 的範例。

程式 2-2：〔FILE：**2-1_to_2-2.xlsm**〕

```
1    ' 將全形 [ 英文拼音名 ] 欄轉換為半形並刪除空格
2    Sub NarrowKana3()
3
4        ' 宣告一個常數
5        Const COL_KANA As Long = 3    ' 全形 [ 英文拼音名 ] 欄位所在位置
6
7        ' 取得最大資料筆數
8        Dim maxRow As Long
9        maxRow = Cells(Rows.Count, 1).End(xlUp).Row
10
11       ' 處理所有資料
12       Dim i As Long
13       For i = 2 To maxRow
14           Dim str As String
15           str = Cells(i, COL_KANA).Value
16           str = StrConv(str, vbNarrow)      ' 轉換為半形
17           str = Replace(str, " ", "")       ' 刪除空格
18           Cells(i, COL_KANA).Value = str
19       Next i
20
21   End Sub
```

> 宣告一個常數並賦值為預設值「3」

> 把常數變成參數而非「3」

解說

上述程式的執行結果與程式 2-1 一樣,但是因為使用了常數而
提高了可維護性,以下將詳細說明這一點。

```
Const COL_KANA As Long = 3
```

這一行宣告了常數「COL_KANA」，賦值為預設值「3」（意思是全形 [英文拼音名] 欄的欄位編號「3」）。請注意！常數必須一邊宣告，一邊賦值為預設值，這一點與變數不同。

接著把修改前程式的「Cells(i,3)」部分取代成常數，輸入「Cells(i,COL_KANA)」。由於常數 COL_KANA 賦值為「3」，所以和修改前的程式一樣。

請思考一下程式的修改部分。

假設更動了這個工作表的規格，把全形「英文拼音名」欄的第三欄變成第四欄。現在的程式只要將常數的預設值「3」改成「4」即可，其他部分會參照 COL_KANA，所以不需要修改程式。

```
（修改前）Const COL_KANA As Long = 3
    ↓
（修改後）Const COL_KANA As Long = 4
```

只要像這樣，先把值儲存在常數內，就可以將程式內的修改部分整合在一個地方。倘若日後還要修改全形「英文拼音名」欄，只要更改常數的預設值，就能立刻把巨集改好，因此巨集的可維護性變得極高。

把字串也變成常數可以統一管理！

以下要介紹把字串儲存在常數內的範例。首先我們以沒有使用常數的程式為例，說明究竟會有什麼問題（程式 2-3）。

巨集概要

- 輸出在訊息方塊內的「確定」、「取消」按鈕。
- 按下「確定」鈕會清除「數量」欄，按下「取消」鈕會取消（圖 2-3）。

圖 2-3

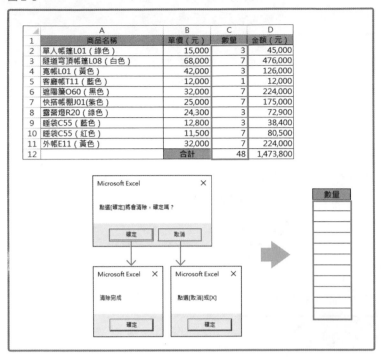

程式 2-3：〔FILE：**2-3_to_2-4.xlsm**〕

```
1    ' 統一清除 [ 數量 ]
2    Sub ClearNum()
3
4        ' 在訊息中點選 [ 確定 ] 或 [ 取消 ]
5        Dim Ans As Long
6        Ans = MsgBox("點選 [ 確定 ] 將會清除，確定嗎？", vbOKCancel)
7
8        ' 點選 [ 確定 ] 會開始清除
9        If Ans <> vbOK Then
10           MsgBox "點選 [ 取消 ] 或 [X]"
11       Else
12           Range("C2:C12").ClearContents
13           MsgBox "清除完成"
```

程式內有許多冗長的句子

```
14        End If
15
16    End Sub
```

程式 2-3 有許多冗長的程式碼，比方說，「點選 [確定] 將會清除，確定嗎？」這樣程式會變得很長，不易閱讀。想管理或修改訊息內容時，也必須費力尋找，工作效率不佳。使用常數之後，可以如何改善程式？（程式 2-4）

程式 2-4 ：〔FILE ： **2-3_to_2-4.xlsm**〕

```
1     ' 統一清除 [ 數量 ]
2     Sub ClearNum2()                           ┌─────────────────┐
3                                               │ 固定措辭，統一管理 │
4         ' 宣告一個常數                          └─────────────────┘
5         Const MSG_QUEST  As String = " 點選 [ 確定 ] 將會清除，" & _
6                                      " 確定嗎？ "
7         Const MSG_CANCEL As String = " 點選 [ 取消 ] 或 [X]"
8         Const MSG_YES    As String = " 清除完成 "
9
10        ' 在訊息中點選 [ 確定 ] 或 [ 取消 ]
11        Dim Ans As Long
12        Ans = MsgBox(MSG_QUEST, vbOKCancel)       ┌──────────┐
13                                                  │ 常數名稱 │
14        ' 點選 [ 確定 ] 就開始清除                  └──────────┘
15        If Ans <> vbOK Then
16            MsgBox MSG_CANCEL
17        Else
18            Range("C2:C12").ClearContents
19            MsgBox MSG_YES
20        End If
21
22    End Sub
```

程式 2-4 宣告了常數並分別儲存訊息內容。這樣會如何？由於常數的宣告內容整合在程序上方，能立刻找到訊息，可以有效率地管理、修改訊息內容，而且後面的程式碼沒有冗長的句子，變得容易閱讀。只要先在程式碼輸入常數名稱，就能利用常數參照訊息，縮短程式碼。

程式 2-4 的常數名稱統一使用 MSG_ ●●●（節錄自單字 Message 的子音）

我們可以像這樣，把訊息等字串儲存在常數內，統一管理，藉此提高整個程式的可讀性及可維護性。

\ 鐵則！ /

「這個變數可以用在哪裡？」 瞭解有效範圍（Scope）

本節要解說的概念是變數與常數的有效範圍（Scope）。沒有先瞭解「這個變數可以用在哪裡？」的缺點是，會宣告多餘的變數，或使用會增加整個巨集風險的變數。瞭解了有效範圍（Scope）之後，就可以有效率地運用變數。

這樣做是多餘的？到處宣告相同的變數

關於變數你是否有過以下這些經驗？

> ◻ 在不同場所宣告了多個相同名稱、相同功用的變數。
>
> ◻ 而且這些變數每次都儲存相同的資料。

一旦寫出這種多餘的程式碼，恐怕就得重新調整，請見以下的巨集（程式 2-5）範例。

巨集說明

- 將框線（網格）套用於整個表格

- 每隔一列填滿淺綠色（圖 2-4）

圖 2-4

程式 2-5：〔FILE：**2-5_to_2-6.xlsm**〕

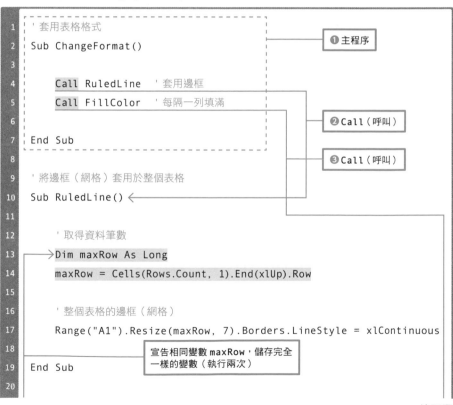

```
1     ' 套用表格格式
2     Sub ChangeFormat()
3
4         Call RuledLine   ' 套用邊框
5         Call FillColor   ' 每隔一列填滿
6
7     End Sub
8
9     ' 將邊框（網格）套用於整個表格
10    Sub RuledLine()
11
12        ' 取得資料筆數
13        Dim maxRow As Long
14        maxRow = Cells(Rows.Count, 1).End(xlUp).Row
15
16        ' 整個表格的邊框（網格）
17        Range("A1").Resize(maxRow, 7).Borders.LineStyle = xlContinuous
18
19    End Sub
20
```

❶ 主程序

❷ Call（呼叫）

❸ Call（呼叫）

宣告相同變數 maxRow，儲存完全一樣的變數（執行兩次）

接下頁

```
21    ' 以淺綠色填滿奇數列 ←
22    Sub FillColor()
23
24        ' 取得資料筆數
25      →Dim maxRow As Long
26        maxRow = Cells(Rows.Count, 1).End(xlUp).Row
27
28        ' 奇數列變成淺綠色
29        Dim i As Long
30        For i = 2 To maxRow
31            If i Mod 2 = 1 Then
32                Cells(i, 1).Resize(, 7).Interior.Color = RGB(233, 244, 216)
33            End If
34        Next i
35
36    End Sub
```

以下將說明上述程式的概要。這個程式使用了三個程序進行處理，首先執行主程序「ChangeFormat」，然後呼叫（Call）「RuledLine」程序，在表格套用邊框，接著呼叫（Call）「FillColor」程序，每隔一列填滿儲存格。這裡要注意到以下程式碼。

```
' 取得資料筆數
Dim maxRow As Long
maxRow = Cells(Rows.Count, 1).End(xlUp).Row
```

在兩個程序（「RuledLine」、「FillColor」）中，宣告了一模一樣的變數「maxRow」，並賦值為同值。在不同地方輸入兩次一模一樣的程式碼，你不覺得有點多餘嗎？假如想修改程式，還得找出這兩個地方的程式碼再修改，實在缺乏可維護性。

其他程序可以重複利用已經用過的變數嗎？

當你發現程式 2-5 的問題，你可能會以為「既然如此，在另一個『FillColor』程序重複使用『RuledLine』程序用過的變數（maxRow）不就好了？」、「既然這個變數使用了一次，第二次就可以不用宣告，直接使用了吧？」

於是修改成程式 2-6，沒想到卻出現錯誤（圖 2-5）。

程式 2-6： 〔FILE：**2-5_to_2-6.xlsm**〕

```vba
1    ' 套用表格格式
2    Sub RuledLine()
3
4        ' 取得資料筆數
5        Dim maxRow As Long
6        maxRow = Cells(Rows.Count, 1).End(xlUp).Row
7
8        ' 整個表格的邊框（網格）
9        Range("A1").Resize(maxRow, 7).Borders.LineStyle = xlContinuous
10
11   End Sub
12
13   ' 以淺綠色填滿奇數列
14   Sub FillColor()
15
16       ' 奇數列變成淺綠色
17       Dim i As Long
18       For i = 2 To maxRow
19           If i Mod 2 = 1 Then
20               Cells(i, 1).Resize(, 7).Interior.Color = RGB(233, 244, 216)
21           End If
22       Next i
23
24   End Sub
```

> 因為想把變數「maxRow」重複使用在其他程序……

> 沒有宣告變數，就直接使用變數「maxRow」

圖 2-5： **無法使用變數，出現錯誤**

因為想在其他程序（FillColor）重複使用已經用過的變數「maxRow」，所以沒有宣告變數，就直接把變數名稱寫在程式裡，結果就會出現錯誤。

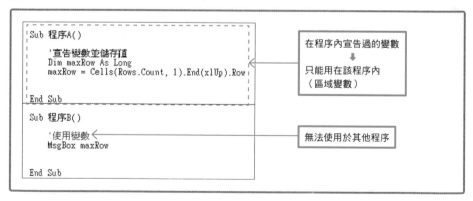

只有設定了第 1 章介紹過的「要求變數宣告」才可以使用。

為什麼在某個程序宣告過的變數無法直接重複用於其他程序？原因與下面要說明的「有效範圍（Scope）」有關。

瞭解變數的有效範圍（Scope）

VBA 的變數具有「可以用在哪裡」的有效範圍（Scope）。請見圖 2-6。在程序 A 宣告的變數無法直接使用於程序 B，因為該變數是「**區域變數**」，只能用於同一程序內。

圖 2-6

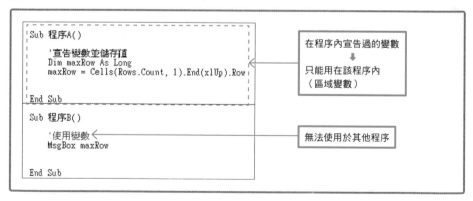

變數大致可以分成三種，如表 2-1 所示。每種變數的有效範圍
不同，宣告變數的方法也不一樣。

表 2-1：**變數的種類**

變數的種類	有效範圍（Scope）	宣告方法
區域變數	同一程序內	在程序內宣告 （使用 Dim 陳述式） 例如 Dim maxRow As Long
模組層級變數	同一模組內	在模組的宣告區段 （開頭輸入第一個程序之前的區域）宣告 （使用 Dim 或 Private 陳述式） 例如 Private maxRow As Long
全域變數	整個模組	在模組的宣告區段宣告 （使用 Public 陳述式） 例如 Public maxRow As Long

看到這裡，可能有些人會覺得「模組？程序？愈來愈搞不懂
了」。以下先說明模組與程序等名詞。

「模組」與「程序」

以下將分別說明模組與程序的定義（圖 2-7）。

圖 2-7

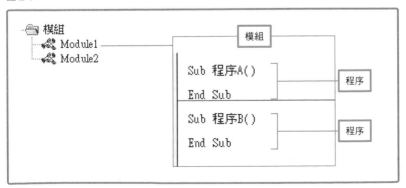

> 🔲 模組…儲存 VBA 的檔案，其中可以輸入一個到
>   多個程序。
>
> 🔲 程序…用 VBA 編寫的一個處理過程。

模組可以當成是一種儲存 VBA 的檔案。VBA 的入門書常會這樣說明「請先新增模組，這樣就會建立名為「Module1」的模組。通常我們會在這裡編寫 VBA 的程式碼。」這就是「模組」。模組內可以輸入一到多個程序。

程序是指利用 VBA 處理的內容，例如，輸入「Sub ～ End Sub」可以把處理內容整合在一起。

其他還有 Function 程序等種類。

區域變數

區域變數是指，只能在同一程序內使用的變數。在程序內宣告變數後，該變數就會成為區域變數。一般在 VBA 的入門書裡，第一個介紹的變數用法通常就是區域變數。因此，你應該已經（在本書）學會了區域變數的用法。

模組層級變數

模組層級變數是在同一模組內，任何一個程序都可以使用的變數（圖 2-8）。

如果要宣告模組層級變數，必須在模組上方的「**宣告區段**」編寫宣告語法。

■

程式 2-7 利用模組層級變數修改了前面的**程式 2-5**、**程式 2-6**。**程式 2-7** 在宣告區段輸入

```
Private maxRow As Long
```

宣告變數「maxRow」。

如此一來,模組內的每個程序都可以使用這個變數。在程式 2-7,不論是 ChangeFormat 程序、RuledLine 程序、FillColor 程序,都可以使用變數「maxRow」。

假如要像這樣在多個程序使用同一變數時,適合使用模組層級變數。

圖 2-8

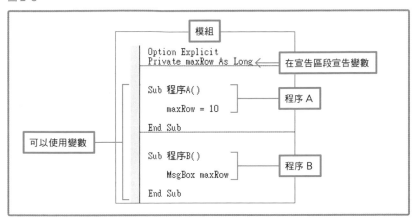

程式 2-7:〔FILE:**2-7.xlsm**〕

接下頁

```
15    ' 將邊框（網格）套用於整個表格
16    Sub RuledLine()
17
18        ' 整個表格的邊框（網格）
19        Range("A1").Resize(maxRow, 7).Borders.LineStyle = xlContinuous
20
21    End Sub
22
23    ' 用淺綠色填滿奇數列
24    Sub FillColor()
25
26        ' 奇數列變成淺綠色
27        Dim i As Long
28        For i = 2 To maxRow
29            If i Mod 2 = 1 Then
30                Cells(i, 1).Resize(, 7).Interior.Color = RGB(233, 244,
                    216)
31            End If
32        Next i
33
34    End Sub
```

任何一個程序都可以
使用變數

全域變數

全域變數是其他模組也可以使用的變數。請見程式 2-8，這
裡包括了 Module1 與 Module2 兩個模組（圖 2-9）。

在 Module1 的宣告區段輸入

圖 2-9

```
Public maxRow As Long
```

宣告變數「maxRow」。該變數就會成為全域變數，在不
同模組（Module2）也能使用這個變數。因此程式 2-8 在
Module2 可以使用變數「maxRow」。假如必須跨多個模組，
建議選擇全域變數。

這樣就能使用變數「maxRow」。假如變數需要跨多個模組，
最好使用全域變數。

程式 2-8：**Module1**〔FILE：**2-8.xlsm**〕

```
1   Option Explicit
2   Public maxRow As Long      ' 最後一列           在宣告區段用 Public
3                                                 宣告變數
4   ' 套用表格格式
5   Sub ChangeFormat()
6
7       ' 取得資料筆數
8       maxRow = Cells(Rows.Count, 1).End(xlUp).Row
9
10      Call RuledLine    ' 套用邊框
11      Call FillColor    ' 每隔一列填滿
12
13  End Sub
```

程式 2-8：**Module2**〔FILE：**2-8.xlsm**〕

```
1   Option Explicit
2
3   ' 將邊框（網格）套用於整個表格
4   Sub RuledLine()
5
6       ' 整個表格的邊框（網格）
7       Range("A1").Resize(maxRow, 7).Borders.LineStyle = xlContinuous
8
9   End Sub
10
11  ' 以淺綠色填滿奇數列
12  Sub FillColor()
13
14      ' 奇數列變成淺綠色
15      Dim i As Long
```

接下頁

```
16    For i = 2 To maxRow
17        If i Mod 2 = 1 Then
18            Cells(i, 1).Resize(, 7).Interior.Color = RGB(233, 244, 216)
19        End If
20    Next i
21
22  End Sub
```

其他模組也能使用 maxRow 變數

是否要將所有變數都變成全域變數？

看到這裡，可能有人會覺得

「既然如此，何不把變數都宣告成全域變數，這樣有效範圍
廣，也很方便啊？」

或許是如此，但是這樣做不見得是最好的。以下列舉了使用全
域變數的缺點。

> ☒ 每個模組／每個程序都可以操作變數，可能造成在變數賦值錯誤的
> 風險。
>
> ☒ 偵錯時，因為各個模組都宣告了變數而難以掌握變數，容易遺漏，使
> 得偵錯變得複雜困難。

基於上述理由，任何情況都使用全域變數會有風險及缺點。

建議將有效範圍盡可能限制在最低限度，並以區域變數及模組
層級變數為主。

妥善運用常數的有效範圍（Scope）

常數也定義了有效範圍。常數的有效範圍種類和變數一樣有三
種，分別按照以下方式宣告（表2-2）。

表 2-2

常數的種類	宣告方法
區域常數	在程序內輸入以下程式 Const MAX_COL As Long = 預設值
模組層級常數	在宣告區段輸入以下程式 Private Const MAX_COL As Long = 預設值
全域常數	在宣告區段輸入以下程式 Public Const MAX_COL As Long = 預設值

接下來的程式範例（程式 2-9）改良了程式 2-7，還運用了模組層級常數。

程式 2-9：〔FILE：**2-9.xlsm**〕

```
1   Option Explicit
2   Private maxRow As Long    ' 最後一列
3   Private Const MAX_COL As Long = 7       ' 欄數        在宣告區段宣告模組層
                                                          級常數
4
5   ' 套用表格格式
6   Sub ChangeFormat()
7
8       ' 取得資料筆數
9       maxRow = Cells(Rows.Count, 1).End(xlUp).Row
10
11      Call RuledLine   ' 套用邊框
12      Call FillColor   ' 每隔一列填滿
13
14  End Sub
15
16  ' 將邊框（網格）套用於整個表格
17  Sub RuledLine()
18
19      ' 整個表格的邊框（網格）
20      Range("A1").Resize(maxRow, MAX_COL).Borders.LineStyle =
          xlContinuous
21
```

接下頁

```
22    End Sub
23
24     ' 用淺綠色填滿奇數列                          利用常數設定欄位編號
25    Sub FillColor()
26
27        ' 奇數列變成淺綠色
28        Dim i As Long
29        For i = 2 To maxRow
30            If i Mod 2 = 1 Then
31                Cells(i, 1).Resize(, MAX_COL).Interior.Color = _
                     RGB(233, 244, 216)
32            End If
33        Next i
34
35    End Sub
```

程式 2-9 宣告了模組層級常數，用來儲存表格的欄數 (7)。如此一來，模組內的每個程序都可以使用這個值。在宣告區段輸入

```
Private Const MAX_COL As Long = 7
```

把表格的欄數 (7) 當作預設值賦值。

接下來其他程序就可以像以下這樣

```
Resize(maxRow, MAX_COL)
```

利用常數 MAX_COL 的值，設定欄位編號。把這種在任何程序都可以使用的資料或字串，當作模組層級常數管理，是一種提升程式品質的方法。

第**3**章

把程序物件化，
寫出可重複使用的程式

利用「物件化與重複使用」提高程式的執行效率！

本章要說明的主題是「將程式物件化並重複使用」。

> ☑ 把冗長的程式分割成小部分（物件化）
>
> ☑ 由其他程序呼叫並重複使用該物件（重複使用）

這樣不僅能提高巨集的開發效率，也能改善程式的易讀性。例如，開發巨集時，你是否有過以下這些煩惱？

> ☑ 一個程序的程式碼多達幾十行，很難閱讀，也不易找出發生錯誤的原因…。
>
> ☑ 這個程式是別人或上一任寫的，程序的程式碼超長，看得非常辛苦…。

上述煩惱或許可以利用「物件化與重複使用」解決。物件化是指分割程式的部分功能，由其他程式呼叫該功能。如何解決這些煩惱？以下將舉例說明。

過長的程序要分割、物件化

以下將實際分割程式，說明如何將其物件化。這裡使用的範例
運用了第 2 章出現過的巨集（程式 3-1）。

巨集概要

- 將邊框（網格）套用於整個表格
- 用淺綠色填滿奇數列

程式 3-1：〔FILE：**3-1.xlsm**〕

```
1   Option Explicit
2   Private maxRow As Long    '最後一列
3   Private Const MAX_COL As Long = 7    '欄數
4
5   ' 套用表格格式
6   Sub ChangeFormat()
7
8       ' 取得資料筆數
9       maxRow = Cells(Rows.Count, 1).End(xlUp).Row
10
11      ' 將邊框（網格）套用於整個表格
12      Range("A1").Resize(maxRow, MAX_COL).Borders.LineStyle =
         xlContinuous
13
14      ' 以淺綠色填滿奇數列
15      Dim i As Long
16
17      For i = 2 To maxRow
18
19          If i Mod 2 = 1 Then
20
```

接下頁

```
21          Cells(i, 1).Resize(, MAX_COL).Interior.Color =
            RGB(233, 244, 216)
22
23          End If
24
25      Next i
26
27  End Sub
```

這個巨集包含了兩項處理。

由於版面的關係，程式
3-1 不是「長達幾十行
的冗長程式」。但是就
在一個程序放入多項處
理的角度而言，我們將
其稱作「冗長程式」。

> ☒ **將邊框（網格）套用於整個表格**
>
> ☒ **以淺綠色填滿奇數列**

在這種狀態下，巨集可以正常執行，但是把兩項功能放在同一個程序有以下缺點。

【缺點 1】其他程序無法再次使用（重複使用）部分處理

假設其他程序想單獨呼叫、使用巨集裡「將邊框（網格）套用於整個表格」的處理，卻因為在同一個程序放了多項處理，而無法這樣做。分割程式之後，可以在其他程序呼叫並重複使用一項處理，這就是「**重複使用程式**」的方法。

【缺點 2】程式變長降低了可讀性

在同一程序放入多項處理後，程式的行數會變多，難以掌控整個程式及流程，也降低了可讀性。先分割程式，減少每個程序的行數，程式也會變得清楚易讀。

分割程式並物件化

該怎麼做才能分割程式？請見以下的分割範例。下面的程式
範例（程式 3-2）是從程式 3-1 分割出部分處理，再輸入新程
序內。

程式 3-2 ：〔FILE ： **3-1.xlsm**〕

```
1   Option Explicit
2   Private maxRow As Long    ' 最後一列
3   Private Const MAX_COL As Long = 7    ' 欄數
4
5   ' 套用表格格式
6   Sub ChangeFormat()
7
8       ' 取得資料筆數
9       maxRow = Cells(Rows.Count, 1).End(xlUp).Row
10
11      Call RuledLine
12      Call FillColor
13
14  End Sub
15
16  ' 將邊框（網格）套用於整個表格
17  Sub RuledLine()
18
19      Range("A1").Resize(maxRow, MAX_COL).Borders.LineStyle =
            xlContinuous
20
21  End Sub
22
23
24  ' 以淺綠色填滿奇數列
25  Sub FillColor()
```

❷ 在原本的程序用 Call
呼叫該項處理

❶ 把這項處理分割
成新程序

接下頁

```
26
27      Dim i As Long
28      For i = 2 To maxRow
29          If i Mod 2 = 1 Then
30              Cells(i, 1).Resize(, MAX_COL).Interior.Color =
                    RGB(233, 244, 216)
31          End If
32      Next i
33
34  End Sub
```

❶把這項處理分割成新程序

❶首先從原本的 ChangeFormat 程序分別取出以下處理

- 將邊框（網格）套用於整個表格
- 以淺綠色填滿奇數列

分成「RuledLine」、「FillColor」。

❷ 改成在原本的 ChangeFormat 程序，用 Call 陳述式分別呼叫出「RuledLine」、「FillColor」程序。

```
Call RuledLine      ' 呼叫繪製邊框的程序（RuledLine）
Call FillColor      ' 呼叫填色程序（FillColor）
```

補充說明：何謂 Call 陳述式？

使用 Call 陳述式，可以在某個程序呼叫其他程序。

【Call陳述式】

語法：

Call 程序名稱

補充說明

省略「Call」關鍵字，只描述程序名稱也能叫出程序。可是，一旦省略了「Call」，就會變成只寫了程序名稱的程式碼，很難讓人瞭解這是什麼意思，因此筆者建議別省略。

這樣能簡化整個程式的處理流程，讓原本的 ChangeFormat 程序變得比較容易瞭解。此外，分割出來的兩個新程序「RuledLine」、「FillColor」，日後若要執行相同處理，只要用 Call 陳述式呼叫，就能重複使用。

\ 開始練習！ /

利用分割
簡化程式流程

分割程式，將主程序簡化成極為簡單的程式。

程式 3-3

```
1    ' 套用表格格式
2    Sub ChangeFormat()
3
4        ' 取得資料筆數
5        maxRow = Cells(Rows.Count, 1).End(xlUp).Row
6
7        ' 套用邊框
8        Call RuledLine
9
```

整合成呼叫其他程序的程式

接下頁

```
10          ' 填滿奇數列
11          Call FillColor ——————————
12
13   End Sub
```

上述程式在一個主程序呼叫了物件化後的其他兩個程序。由於詳細的處理內容已經分割成其他程序，使得整個程式的流程變得非常清楚易懂。

一看就能瞭解整個程式是由三個部分構成。

1. **取得資料筆數**
2. **套用邊框**
3. **填滿奇數列**

如上所示，分割程式有各種優點。

但是分割時也有注意事項，請見下一節的說明。

＼ 注意！／

無法在其他程序
參照區域變數

以下將說明分割程序時的注意事項。具代表性的一點是「無法在其他程序參照區域變數」。

以下將以程式 3-4 為例來說明。

巨集概要

和程式 3-2 一樣，由 ChangeFormat 程序呼叫 RuledLine 程序，但是變數「maxRow」宣告為區域變數。

程式 3-4：〔FILE：**3-4.xlsm**〕

```
1    ' 套用表格格式
2    Sub ChangeFormat()
3
4        ' 宣告區域變數
5        Dim maxRow As Long            ❶原始程序含有區域變數
6
7        ' 取得資料筆數
8        maxRow = Cells(Rows.Count, 1).End(xlUp).Row
9
10       Call RuledLine
11
12   End Sub
13
14   ' 將邊框（網格）套用於整個表格
15   Sub RuledLine()
16
17       Range("A1").Resize(maxRow, 7).Borders.LineStyle = xlContinuous
18                         ↑
19   End Sub            ❷無法在分割後的程序進行參照
```

執行結果

無法參照變數「maxRow」，出現編譯錯誤。

圖 3-1

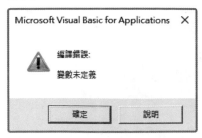

程式 3-4 將變數「maxRow」宣告為區域變數。此時，無法在「RuledLine」程序參照變數。

關於區域變數請參考第 2 章（P.042）的說明。

如上所示，分割程式時，要注意變數的有效範圍（Scope）。不過有時只會在拷貝程式，貼至新的程序時，才無法參照區域變數。

最簡單的解決方法就是把變數「maxRow」宣告為模組層級變數（第 2 章已經說明過，在宣告區段輸入變數的宣告語法），這樣其他程序也能參照相同變數。

此外，還有將變數的值當作「參數」傳給其他程序的方法。請參考第 2 章「在 Sub 程序設定參數，擴大運用範圍」。

重點整理

你覺得如何？分割程式變成物件後，整個程式不僅變得簡單易讀，也能隨時用其他程式呼叫並重新使用。

這種方法有各種優點，請在開發巨集時嘗試看看。

第 **4** 章

用含參數的程序
簡單描述複雜的處理

運用 Sub 程序或
Function 程序，
擴大巨集的運用範圍！

第 3 章介紹了將部分程序變成物件，然後重複使用該程式，提高巨集的開發效率及提升程式可讀性、可維護性的方法。

本章將解說含參數的 Sub 程序，以及提供傳回值的 Function 程序用法，讓開發巨集的工作變得更靈活有彈性。

\ 開始練習！/

在 Sub 程序設定參數，
擴大運用範圍

增加了好幾個類似的 Sub 程序⋯，
難道不能整合成一個？

以下要說明的巨集是，利用 Find 方法搜尋表格 E 欄是否有儲存格含有「東京」、「千葉」、「埼玉」等字串（圖 4-1、程式 4-1）。

圖 4-1

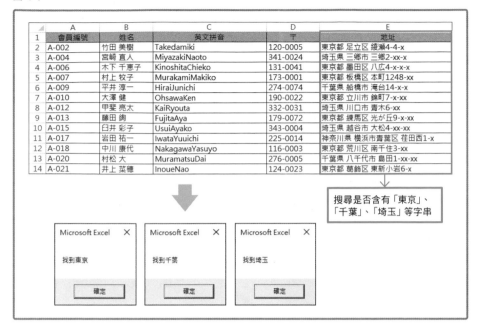

	A	B	C	D	E
1	會員編號	姓名	英文拼音	〒	地址
2	A-002	竹田 美樹	Takedamiki	120-0005	東京都 足立区 綾瀬4-4-x
3	A-004	宮崎 直人	MiyazakiNaoto	341-0024	埼玉県 三郷市 三郷2-xx-x
4	A-006	木下 千恵子	KinoshitaChieko	131-0041	東京都 墨田区 八広4-x-x-x
5	A-007	村上 牧子	MurakamiMakiko	173-0001	東京都 板橋区 本町1248-xx
6	A-009	平井 淳一	HiraiJunichi	274-0074	千葉県 船橋市 滝台14-x-x
7	A-010	大澤 健	OhsawaKen	190-0022	東京都 立川市 錦町7-x-xx
8	A-012	甲斐 亮太	KaiRyouta	332-0031	埼玉県 川口市 青木6-xx
9	A-013	藤田 絢	FujitaAya	179-0072	東京都 練馬区 光が丘9-x-xx
10	A-015	臼井 彩子	UsuiAyako	343-0004	埼玉県 越谷市 大松4-xx-xx
11	A-017	岩田 祐一	IwataYuuichi	225-0014	神奈川県 横浜市青葉区 荏田西1-x
12	A-018	中川 康代	NakagawaYasuyo	116-0003	東京都 荒川区 南千住3-xx
13	A-020	村松 大	MuramatsuDai	276-0005	千葉県 八千代市 島田1-xx-xx
14	A-021	井上 菜穗	InoueNao	124-0023	東京都 葛飾区 東新小岩6-x

搜尋是否含有「東京」、「千葉」、「埼玉」等字串

Microsoft Excel ✕
找到東京
確定

Microsoft Excel ✕
找到千葉
確定

Microsoft Excel ✕
找到埼玉
確定

程式 4-1 : 〔FILE : **4-1_to_4-2.xlsm**〕

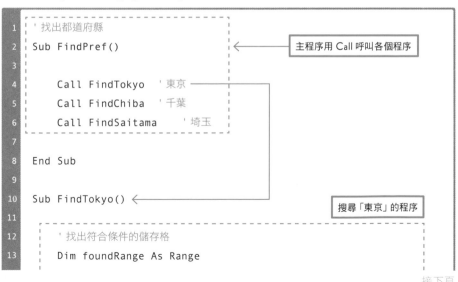

```
1    ' 找出都道府縣
2    Sub FindPref()                      ← 主程序用 Call 呼叫各個程序
3
4        Call FindTokyo    '東京
5        Call FindChiba    '千葉
6        Call FindSaitama      '埼玉
7
8    End Sub
9
10   Sub FindTokyo()  ←                  搜尋「東京」的程序
11
12       ' 找出符合條件的儲存格
13       Dim foundRange As Range
```

接下頁

```vba
14      Set foundRange = Columns("E").Find(" 東京 ", LookAt:=xlPart)
15
16      ' 判斷是否有找到
17      If foundRange Is Nothing Then
18          MsgBox " 找不到東京 "
19      Else
20          MsgBox " 找到東京 "
21      End If
22
23  End Sub
24
25  Sub FindChiba()                                    搜尋「千葉」的程序
26
27      ' 找出符合條件的儲存格
28      Dim foundRange As Range
29      Set foundRange = Columns("E").Find(" 千葉 ", LookAt:=xlPart)
30
31      ' 判斷是否有找到
32      If foundRange Is Nothing Then
33          MsgBox " 找不到千葉 "
34      Else
35          MsgBox " 找到千葉 "
36      End If
37
38  End Sub
39
40  Sub FindSaitama()                                  搜尋「埼玉」的程序
41
42      ' 找出符合條件的儲存格
43      Dim foundRange As Range
44      Set foundRange = Columns("E").Find(" 埼玉 ", LookAt:=xlPart)
45
46      ' 判斷是否有找到
47      If foundRange Is Nothing Then
48          MsgBox " 找不到埼玉 "
49      Else
```

```
50          MsgBox " 找到埼玉 "
51      End If
52
53  End Sub
```

程式 4-1 在主要的 FindPref 程序用 Call 陳述式呼叫三個物件化
的 Sub 程序（FindTokyo、FindChiba、FindSaitama）。

但是呼叫出來的三個程序除了搜尋的地名之外，大部分的程式碼都
一樣，這樣會出現許多缺點。

> ☒ 例如：建立「群馬」、「櫪木」等搜尋其他字串的程序時，還得製作新
>   的程序。
> ☒ 必須不斷增加功能類似的程序，不僅沒有效率，也會降低整個程式的
>   可讀性。
> ☒ 一旦要改變或調整這些程序，就得修改多個地方的相同程式碼，可維
>   護性差。

無法將這些類似的程序整合成一個嗎？利用「**含參數的 Sub 程序**」
可以解決這個問題。

利用含參數的 Sub 程序整合，讓程式變得簡潔俐落！可彈性運用且方便維護

使用含參數的 Sub 程序重寫剛才的程式 4-1，可以整合成一個程序，
如以下的程式 4-2 所示。

程式 4-2 ：〔FILE ： **4-1_to_4-2.xlsm**〕

```
1   ' 找出都道府縣
2   Sub FindPref()
3
4       Call FindString(" 東京 ")    改變參數，呼叫出相同程序
5       Call FindString(" 千葉 ")
6       Call FindString(" 埼玉 ")
```

接下頁

```
7
8    End Sub
9
10   '(取得參數的 Sub 程序範例)
11   '在 E 欄搜尋某個字串
12   '參數 1：你要搜尋的字串
13   Sub FindString(str As String) ←        只要取得參數，一個程序也
                                             能進行各種處理！
14
15       '找出符合條件的儲存格
16       Dim foundRange As Range
17       Set foundRange = Columns("E").Find(str, LookAt:=xlPart)
18
19       '判斷是否有找到
20       If foundRange Is Nothing Then
21           MsgBox str & " 找不到 "
22       Else
23           MsgBox str & " 找到了 "
24       End If
25
26   End Sub
```

如何？改善前的程式 4-1 含有許多類似的程序，而改善後的程
式 4-2 把執行搜尋的程序整合成「FindString」程序，整個
程式變得清楚易讀。

■

程式 4-2 調整了哪些部分？以下先說明程式的大致流程。

在主要的 FindPref 程序輸入

```
Call FindString(" 東京 ")
Call FindString(" 千葉 ")
Call FindString(" 埼玉 ")
```

這樣會分別傳遞「東京」、「千葉」、「埼玉」等參數，並利用 Call 呼叫「FindString」程序。呼叫出來的 FindString 程序可以根據取得的參數（「東京」、「千葉」、「埼玉」）進行搜尋。為了讓你瞭解這個概念，請見圖 4-2。

圖 4-2

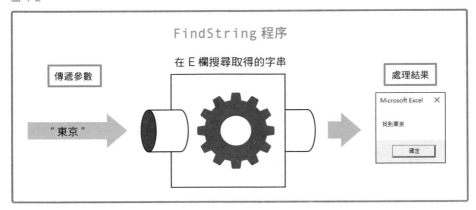

我們把圖 4-2 的 FindString 程序當成取得資料並進行處理的裝置。取得資料當作參數（圖中的 "東京"），然後在 E 欄搜尋取得的字串。本書把這種可以取得參數的 Sub 程序稱作**「含參數的 Sub 程序」**。

含參數的 Sub 程序寫法

含參數的 Sub 程序寫法如下所示。

```
Sub 程序名稱 ( 參數名稱 As 型 )
    ' 使用參數的處理
End Sub
```

以下節錄了程式 4-2 的其中一部分當作範例。

```
1    Sub FindString(str As String)
2        ' 使用 str 的處理
3    End Sub
```

可能有人會覺得奇怪，為什麼這裡需要「**參數名稱**」及「**類型**」？圖 4-3 將進一步說明。

圖 4-3

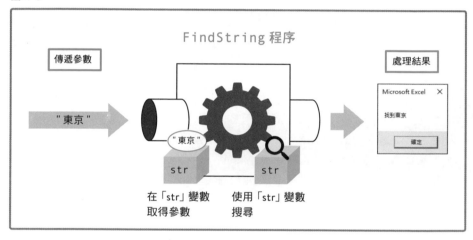

FindString 是含參數的 Sub 程序，取得參數時，會儲存在名為「str」的 String 型區域變數。所以使用變數 str 進行搜尋。

```
Columns("E").Find(str, LookAt:=xlPart)
```

上述部分傳遞了變數 str，當作 Find 方法的參數，意思是

使用 Find 函數，以部分一致的條件搜尋 E 欄儲存在 str 的值。

這種含參數的 Sub 程序必須先決定 str 這種區域變數當作取得參數的容器及其類型，所以需要「**參數名稱**」及「**類型**」。

這樣仍缺乏彈性，難道不能增加參數嗎？

我們已經學到了含參數的 Sub 程序之實用性，不過若以前面的 FindString 程序為例，可能仍有人會感到不方便。

「雖然建立了十分方便、含參數的 FindString 程序，可是這個程序似乎欠缺彈性，因為只能搜尋 E 欄！如果可以搜尋 A 欄、B 欄、其他欄位的特定字串，應該會更方便⋯。」

我們可以增加兩個 Sub 程序的參數當作解決之道。

含兩個以上參數的 Sub 程序範例

以下範例把 Sub 程序的參數增加成兩個，這樣不僅可以搜尋字串，還能利用參數設定「要搜尋哪一欄？」（程式 4-4）。

程式 4-4：〔FILE：**4-4_to_4-6.xlsm**〕

```
1    ' 找出都道府縣
2    Sub FindPref()                      將兩個參數傳遞給FindString
                                         程序
3
4        Call FindString(" 東京 ", "E")  ' 在 E 欄搜尋東京
5        Call FindString(" 藤田 ", "B")  ' 在 B 欄搜尋藤田
6        Call FindString("A-018", "A")   ' 在 A 欄搜尋 A-018
7
8    End Sub
9
10   ' 搜尋字串
11   ' 參數 1：要搜尋的字串
12   ' 參數 2：要搜尋的欄位
13   Sub FindString(str As String, col As String)
14
```

接下頁

```
15        ' 找出符合條件的儲存格
16        Dim foundRange As Range
17        Set foundRange = Columns(col).Find(str, LookAt:=xlPart)
18
19        ' 判斷是否有找到
20        If foundRange Is Nothing Then
21            MsgBox str & " 在 " & col & " 欄找不到 "
22        Else
23            MsgBox str & " 在 " & col & " 欄找到 "
24        End If
25
26   End Sub
```

取得兩個參數可以設定
- 搜尋字串
- 搜尋欄位

上述程式在主要的 FindProf 程序輸入

```
Call FindString(" 東京 ", "E")     ' 呼叫 FindString 程序（在 E 欄搜尋東京）
Call FindString(" 藤田 ", "B")     ' 呼叫 FindString 程序（在 B 欄搜尋藤田）
Call FindString("A-018", "A")     ' 呼叫 FindString 程序（在 A 欄搜尋 A-018）
```

利用參數設定要搜尋的字串與要搜尋的欄名，呼叫出 FindString
程序。

接著 FindString 程序就能取得兩個參數，進行搜尋（圖 4-4）。

圖 4-4

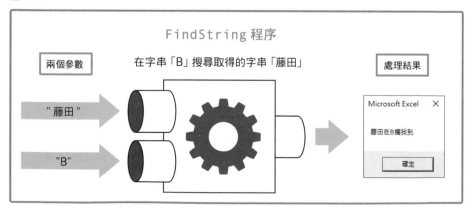

圖 4-4 取得了 " 藤田 " 與 "B" 兩個參數，這是指可以在 "B" 欄搜尋 " 藤田 " 這個字串。透過在 FindString 程序取得兩個參數，可以更有彈性地進行搜尋。

含兩個以上參數的 Sub 程序寫法

含兩個以上參數的 Sub 程序寫法如下所示。

```
Sub 程序名稱 ( 參數名稱 As 型 , 參數名稱 As 型 , …)
    ' 使用了參數的處理
End Sub
```

如果參數超過兩個以上，可以像以下這樣

```
參數名稱 As 型 , 參數名稱 As 型 , 參數名稱 As 型 …
```

使用「,」區隔，繼續寫出參數名稱及類型。

■

以下節錄了程式 4-4 的其中一部分，當作含兩個以上參數的具體程式範例。

程式 4-5（節錄自程式 4-4 ）

```
1  Sub FindString(str As String,col As String)
2      ' 使用 str 的處理
3  End Sub
```

上述程式的意思是，分別取得參數當作 String 型的變數「str」及 String 型的變數「col」。

概念圖如下頁的圖 4-5 所示。在處理的過程中，使用了兩個變數（str 與 col）。

圖 4-5

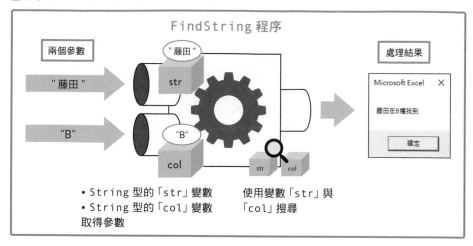

「Optional」可以省略參數

此外，還有省略參數的設定方法。

以下使用剛才 FindString 程序為例來說明（程式 4-6）。

程式 4-6：〔FILE：**4-4_to_4-6.xlsm**〕

```
 1   ' 參數 1：要搜尋的字串
 2   ' 參數 2：可省略。如果省略則預設為 "E"
 3   Sub FindString2(str As String, Optional col As String = "E")
 4
 5       ' 找出符合條件的儲存格
 6       Dim foundRange As Range
 7       Set foundRange = Columns(col).Find(str, LookAt:=xlPart)
 8
 9       ' 判斷是否有找到
10       If foundRange Is Nothing Then
11           MsgBox str & " 在 " & col & " 欄找不到 "
12       Else
13           MsgBox str & " 在 " & col & " 欄找到 "
14       End If
15
16   End Sub
```

在程式 4-6

```
Sub FindString2(str As String, Optional col As String = "E")
```

這樣描述的意思是

- **呼叫這個程序時，可以省略第二個參數。**
- **省略時，儲存"E"當作預設值。**

如果要設定可省略的參數，在變數名稱前輸入「Optional」；
若要設定預設值，可以在類型後面輸入「= 預設值」。

程式 4-6 設定了可省略的參數，呼叫程序的程式為

```
Call FindString2(" 東京 ")        '省略第二個參數
```

就可以省略第二個參數並呼叫程序（此時會傳遞預設值
"E"）。

```
Call FindString2(" 藤田 ","B")        '不省略第二個參數
```

也可以像這樣，不省略第二個參數就傳遞值。

使用「Function 程序」傳回值的應用技巧

我想把處理結果當作傳回值…此時要使用 Function 程序

上一節我們學習了分割 Sub 程序，將程式物件化的方法，還利用含參數的 Sub 程序寫出更有彈性的程式。

接下來要利用以下的巨集，說明可以傳遞「**傳回值**」的「**Function 程序**」。

以下是從「地址」擷取出都道府縣名稱，顯示在「都道府縣」欄的巨集（圖 4-6、程式 4-7）

圖 4-6

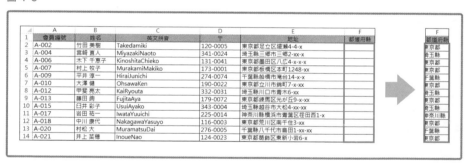

程式 4-7：〔FILE：**4-7_to_4-10.xlsm**〕

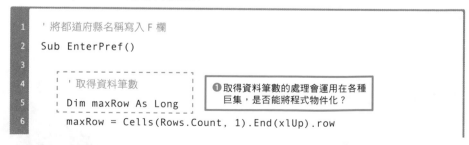

```
1    '將都道府縣名稱寫入 F 欄
2    Sub EnterPref()
3
4        '取得資料筆數
5        Dim maxRow As Long
6        maxRow = Cells(Rows.Count, 1).End(xlUp).row
```

❶ 取得資料筆數的處理會運用在各種巨集，是否能將程式物件化？

```vba
 7
 8    ' 提取都道府縣並寫入第二列到最後一列
 9    Dim i As Long
10    For i = 2 To maxRow
11        Dim str As String
12        str = Cells(i, 5).Value
13        str = Left(str, 4)
14
15        If str Like "?? 都 *" Then
16            str = Left(str, InStr(str, " 都 "))
17        End If
18
19        If str Like "?? 道 *" Then
20            str = Left(str, InStr(str, " 道 "))
21        End If
22
23        If str Like "?? 府 *" Then
24            str = Left(str, InStr(str, " 府 "))
25        End If
26
27        If str Like "* 縣 *" Then
28            str = Left(str, InStr(str, " 縣 "))
29        End If
30
31        ' 輸出都道府縣名稱
32        Cells(i, 6).Value = str
33
34    Next i
35
36  End Sub
```

❷ 從地址提取都道府縣名稱。這個部分的程式是否能物件化？

假設在程式 4-7，將兩個部分的程式分割並經過物件化，變成兩個程序。

❶ 其他巨集也常會用到取得資料筆數的處理,是否
能將程式物件化並重複使用?

❷ 從「地址」提取都道府縣名稱的處理是否也能物
件化?

可是單憑分割成 Sub 程序的方法,很難順利完成物件化,如
果分割成 Function 程序,就能解決這個問題。

原因在於,❶ 與 ❷ 都是傳遞「傳回值」的處理。Sub 程序無
法傳遞傳回值,但是 Function 程序卻可以。

圖 4-7 顯示了 Sub 程序與 Function 程序的差異。

嚴格來說,Sub 程序
可以進行「傳參照」,
傳遞虛擬的傳回值,
由於無法直接傳回,
所以這裡省略說明。

圖 4-7

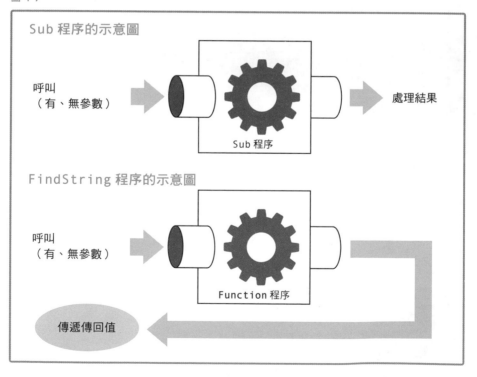

074

如圖 4-7 所示，兩者的差異為

> ◼ 呼叫 Sub 程序時，進行處理之後，只保留處理結果。
>
> ◼ 呼叫 Function 程序時，進行處理之後，會傳遞傳回值。

該如何利用 Function 程序呢？

Function 程序的使用範例 1（無參數）

以下是 Function 程序的使用範例。首先要介紹把程式 4-7 的 ❶ 取得資料筆數當作 Function 程序，進行物件化（程式 4-8）。

程式 4-8 ：〔FILE：**4-7_to_4-10.xlsm**〕

```
1   ' 將都道府縣名稱寫入 F 欄
2   Sub EnterPref()
3
4       ' 提取都道府縣並寫入第二列到最後一列
5       Dim i As Long
6       For i = 2 To getMaxRow
7           Dim str As String
8           str = Cells(i, 5).Value
9           str = Left(str, 4)
10
11          If str Like "?? 都 *" Then
12              str = Left(str, InStr(str, " 都 "))
13          End If
14
15          If str Like "?? 道 *" Then
16              str = Left(str, InStr(str, " 道 "))
17          End If
```

呼叫 Function 程序「getMaxRow」，使用傳回值

接下頁

```
18
19          If str Like "??府*" Then
20              str = Left(str, InStr(str, "府"))
21          End If
22
23          If str Like "*縣*" Then
24              str = Left(str, InStr(str, "縣"))
25          End If
26
27          ' 輸出都道府縣名稱
28          Cells(i, 6).Value = str
29
30      Next i
31
32  End Sub
33
34  ' 傳回第一欄最後一列的列數                    傳回最後一列的列數
35  Function getMaxRow() As Long
36
37      Dim row As Long
38      row = Cells(Rows.Count, 1).End(xlUp).row
39      getMaxRow = row
40
41  End Function
```

上述程式在主要的 EnterPref 程序輸入了

```
For i = 2 To getMaxRow
```

呼叫出 Function 程序「getMaxRow」。

呼叫出 getMaxRow 程序之後，取得工作表 A 欄最後一列的
列數，然後當作傳回值傳送。

在範例的工作表內，最後一列是第 14 列，所以傳回值為
「14」。換句話說，

```
For i = 2 To getMaxRow
```

會透過 getMaxRow 傳遞傳回值「14」，因此等於執行

```
For i = 2 To 14
```

這樣不用寫出取得資料筆數常用的程式，只要描述
「getMaxRow」即可，提高了便利性。

那麼該如何編寫 Function 程序呢？

Function 程序的寫法 1（無參數）

Function 程序的寫法如下所示。這裡先介紹無參數的
Function 程序寫法，有參數的部分將在後面說明。

```
Function 程序名稱 () As 型
    ' 處理內容
    程序名稱 = 傳回值
End Function
```

以下節錄程式 4-8 的其中一部分，當作具體範例。

程式 4-9 （節錄自程式 4-8）

```
1  Function getMaxRow() As Long
2      Dim row As Long
3      row = Cells(Rows.Count, 1).End(xlUp).row
4      getMaxRow = row
5  End Function
```

程式 4-9 透過 As　Long 設定了傳回值的資料類型，這裡設定為 Long 型（整數型）。此時會傳回什麼當作傳回值呢？

由於 getMaxRow　=　row，所以會傳回 row 的值當作傳回值。

傳遞傳回值必須寫成

```
程序名稱 = 傳回值
getMaxRow = row
```

請見以下的概念圖（圖 4-8）。

圖 4-8

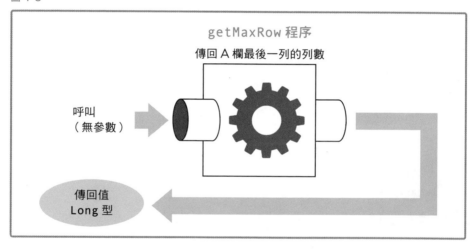

如圖 4-8 所示，呼叫 getMaxRow 程序之後，查詢 A 欄最後一列的列數，再傳回 Long 型的資料當作傳回值。

Function 程序的使用範例 2（有參數）

接下來要介紹有參數的 Funtion 程式使用範例。程式 4-10 把程式 4-7 的「❷ 從『地址』提取都道府縣的處理」當作 Function 程序，進行物件化。

程式 4-10： 〔FILE：**4-7_to_4-10.xlsm**〕

```
1    ' 將都道府縣名稱寫入 F 欄
2    Sub EnterPref()
3
4        ' 提取都道府縣並寫入第二列到最後一列
5        Dim i As Long
6        For i = 2 To getMaxRow
7
8            ' 輸出都道府縣名稱
9            Cells(i, 6).Value = getPref(Cells(i, 5).Value)
10
11       Next i
12
13   End Sub
14
15   ' 傳回第一欄最後一列的列數
16   Function getMaxRow() As Long
17
18       Dim row As Long
19       row = Cells(Rows.Count, 1).End(xlUp).row
20       getMaxRow = row
21
22   End Function
23
24
25   ' 從地址中提取出都道府縣名稱並傳回
26   Function getPref(str As String) As String
27
28       ' 提取前面 4 個字元
29       str = Left(str, 4)
30
31       ' 找出都道府縣
32       If str Like "* 都 *" Then
33           str = Left(str, InStr(str, " 都 "))
34       End If
35
```

> 呼叫 Funtion 程序「getPref」，
> 使用傳回值。
> 傳遞當作參數的 Cells(i, 5).Value

> 提取出都道府縣名稱並傳回

接下頁

```
36    If str Like "*道*" Then
37        str = Left(str, InStr(str, "道"))
38    End If
39
40    If str Like "*府*" Then
41        str = Left(str, InStr(str, "府"))
42    End If
43
44    If str Like "*縣*" Then
45        str = Left(str, InStr(str, "縣"))
46    End If
47
48    getPref = str    ' 傳回值
49
50  End Function
```

程式 4-10 在主要的 EnterPref 程序輸入了

```
Cells(i, 6).Value = getPref(Cells(i, 5).Value)
```

呼叫出 Function 程序「getPref」，然後傳遞當作參數的
「Cells(i,5).Value」（各列的地址）。

當 getPref 程序被叫出來之後，就會利用參數從地址提取都
道府縣名稱，並當作傳回值傳遞。例如，工作表第二列傳回
「東京都」當作傳回值。

換句話說，在以下這行程式碼：

```
Cells(i, 6).Value = getPref(Cells(i, 5).Value)
```

透過 getPref 傳遞傳回值「東京都」，等同執行了以下這行
程式碼。

```
Cells(i,6).Value = "東京都"
```

只要把提取都道府縣名稱的處理物件化，主要的 EnterPref 程
序就會變成以下這麼簡短的程式，可以更輕易掌握整個程式的
流程。

```
Sub EnterPref()

    ' 提取都道府縣並寫入第二列到最後一列
    Dim i As Long
    For i = 2 To getMaxRow

        ' 輸出都道府縣名稱
        Cells(i, 6).Value = getPref(Cells(i, 5).Value)

    Next i

End Sub
```

那麼，該如何描述含參數的 Function 程序？

Function 程序的寫法 2（有參數）

含參數的 Function 程序寫法如下所示。

```
Function 程序名稱 ( 參數名稱 As 型 ) As 型
    ' 處理內容
    程序名稱 = 傳回值
End Function
```

以下節錄程式 4-10 的其中一部分當作具體範例（程式 4-11）。

```
1    Function getPref(str As String) As String
2        '使用了參數的處理
3        getPref = str
4    End Function
```

程式 4-11 的 (str As String) 意味著，在 String 型（字串型）的 str 變數取得參數。

> （）右側的 As String 是指定傳回值的資料類型，注意別搞錯了。

請見以下的概念圖（圖 4-9）。

圖 4-9

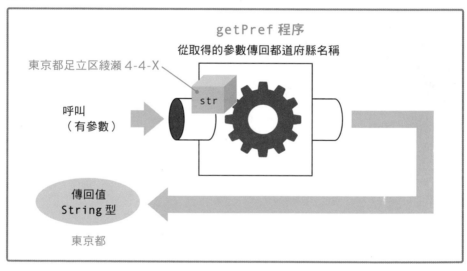

如上所示，傳遞參數給 getPref 程序時，String 型的區域變數「str」取得參數，並從中提取都道府縣名稱，傳回資料。

第**5**章

結合外部應用程式
擴大運用範圍（1）
Word 篇

實際運用時
結合其他應用程式
是不可或缺的重要工作！

截至上一章為止，都是以操作 Excel 的 VBA 為主。接下來第 5 章到第 9 章要介紹如何結合 Excel 之外的應用程式，或將資料與 Excel 連結。

實際運用時，很少只用 Excel 就能完成工作，通常必須與 Word、Outlook 等其他應用程式或外部資料、網頁結合。因此從本章開始，將解說這些應用程式與 Excel 的整合方法。

本章要說明在 Excel VBA 操作 Word 的方法。

可以自動進行插入列印或收集資料

「用 Excel 操作 Word」你可能很難想像這究竟有什麼作用。
比方說，你在實務上可能碰過以下這些情況。

【狀況1】

想列印「送貨單」寄給多位客戶。一般會直接在 Word 拷貝＆貼上「日期」、「公司名稱」、「聯絡人姓名」…等資料再列印，通常一次要列印數筆、數十筆，非常辛苦……。

【狀況2】

以前大多都使用 Word 製作送貨單，想從中收集「日期」、「公司名稱」、「聯絡人姓名」…等資料，製作成 Excel 的清單。可是要逐一開啟檔案，拷貝＆貼上資料，整合在 Excel，實在很麻煩……。

這種煩惱可以透過 Excel VBA 結合 Word 來解決。

Word 內建「插入列印」功能，不使用巨集，也可以執行插入列印。可是現在如果沒有巨集，插入資料、列印、儲存檔案無法自動一次完成。

【狀況 1】把 Excel 中的客戶資料插入 Word 並列印、儲存大量 Word 文件

利用 Excel VBA，可以把 Excel 資料清單中的「日期」、「公司名稱」、「聯絡人姓名」等各項資料自動插入 Word 的雛型，然後列印、儲存（圖 5-1）。

圖 5-1

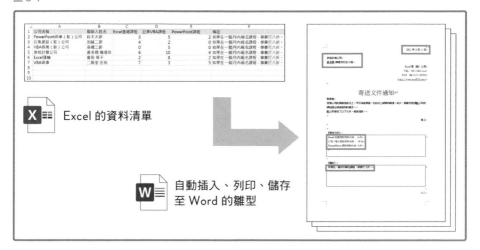

Excel 的資料清單

自動插入、列印、儲存
至 Word 的雛型

【狀況 2】從多個 Word 檔案收集資料並插入 Excel 的清單內

利用 Excel VBA，可以從多個 Word 檔案收集「日期」、「公司名稱」、「聯絡人姓名」等各項資料，彙整成 Excel 的清單（圖 5-2）。

以上這些情況只要利用 Excel VBA 操作 Word，就可以自動完成以下工作。

> ☒ Excel ➡ 在 Word 插入資料
> ☒ Word ➡ 將資料收集到 Excel

接下來要說明用 Excel VBA 操作 Word 的方法。

圖 5-2

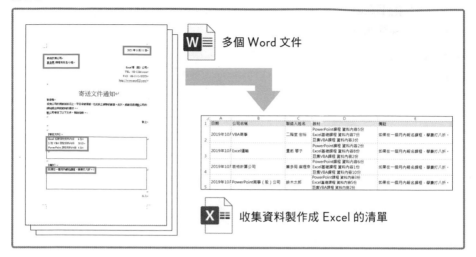

多個 Word 文件

收集資料製作成 Excel 的清單

物件參照設定：
用 Excel VBA 操作 Word 的第一步

使用 Excel VBA 操作 Word 時，先完成「物件的參照設定」就很方便。什麼是物件的參照設定？請參考概念圖（圖 5-3）。

從這裡開始的操作是以已在電腦安裝了 Word 為前提。倘若你的電腦沒有安裝 Word 就無法執行，敬請見諒。

補充說明

本節的操作是在 Excel 的 VBE 進行。「與 Word 有關的操作必須用到 Word 的 VBE 操作吧？」可能有人會有這樣的疑問。可是這裡頂多只是「在 Excel 操作 Word」，因此在 Excel 的 VBE 執行操作即可，不需要操作 Word 的 VBE，請特別注意。

圖 5-3

Excel VBA 會使用 Workbook、Worksheet、Range 等物件來操作 Excel 的對象（例如，工作簿、工作表、儲存格等），這些物件的資料歸納在「**物件程式庫**」裡。

Excel 的物件程式庫名稱是「Microsoft Excel x.x Object Library」。Excel 巨集一般會參照操作 Excel 的程式庫，參照物件程式庫的優點是可以使用以下功能，包括

> 🔲 **輸入程式碼的過程中，使用 Tab 鍵會自動填完方法名稱或屬性名稱**
>
> 🔲 **輸入「.」時，會自動顯示屬性名稱或方法名稱，列出成員**

這樣能提高寫程式的效率，減少輸入錯誤。

另外，還有操作 Word 物件（例如：文件、段落、字串的特定部分等）的 **Word 物件程式庫**。

Word 的物件程式庫名稱是「Microsoft Word x.x Object Library」（和 Excel 一樣，x.x 代表版本）。

可是 Excel 巨集在標準狀態下，不會參照 Word 的物件程式庫，必須設定引用項目（雖然也可以使用不設定引用項目的方法，但是這樣就無法享受自動填完或自動列出成員等功能，而且程式的寫法也不同，後面會再補充說明）。

因此接下來要說明在 Excel 參照 Word 物件程式庫的設定方法。

參照 Word 物件程式庫的設定方法

1. **在 Excel VBE 執行「工具」→「設定引用項目」命令**
2. **勾選「Microsoft Word x.x Object Library」，然後按下「確定」鈕（圖 5-4）**

> x.x 的數值會依 Office 的版本而異。圖 5-4 是「16.0」，請使用你的 VBE 顯示的版本。

這樣就完成 Word 物件程式庫的參照設定。

圖 5-4：**Word 程式庫的參照設定**

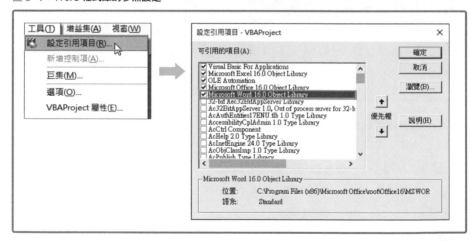

\ 開始練習！ /

啟動、關閉 Word 應用程式

接下來要解說實際操作 Word 的程式。

程式 5-1 可以啟動，然後關閉 Word 應用程式（圖 5-5）。

程式 5-1： 〔FILE：**5-1_to_5-3.xlsm**〕

```
1   ' 啟動 Word 然後關閉
2   Sub LaunchWord()
3
4       ' 儲存 Word 的變數
5       Dim wdApp As Word.Application
6
7       ' 啟動 Word 並將其存放在變數中
8       Set wdApp = New Word.Application
9
10      ' 顯示 Word
11      wdApp.Visible = True
12
13      MsgBox " 現在啟動 Word"
14
15      ' 關閉 Word
16      wdApp.Quit
17
18      ' 物件變數不參照任何內容
19      Set wdApp = Nothing
20
21  End Sub
```

圖 5-5：啟動 Word

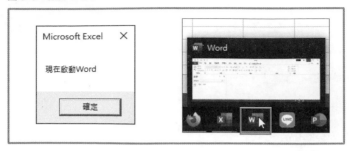

程式 5-1 執行了以下操作。

1. 啟動 Word。
2. 在 Excel 輸出訊息方塊。
3. 按下「確定」鈕，關閉 Word。

可能有許多人會覺得「到底寫了什麼，實在是一頭霧水」，以下將依序説明程式 5-1。

如何啟動 Word ？

以下從程式 5-1 節錄了啟動 Word 的部分。

節錄自程式 5-1

```
' 儲存參照 Word 的物件變數
Dim wdApp As Word.Application

' 啟動 Word 並將其存放在物件變數中
Set wdApp = New Word.Application

' 顯示 Word
wdApp.Visible = True
```

以下將依序説明，讓你瞭解「物件變數？參照 Word ？到底是什麼意思？」。

何謂物件變數？用途是？

這裡先暫時離開 Word，以 Excel 內的範例來解說，讓你理解什麼是**物件變數**。

假設我們要使用 Excel 巨集執行以下操作。

> ☒ 使用 MsgBox 函數輸出工作表名稱
>
> ☒ 將工作表複製（拷貝）到右側

一般只要使用程式 5-2 的寫法，就能執行上述操作。

程式 5-2：〔FILE：**5-1_to_5-3.xlsm**〕

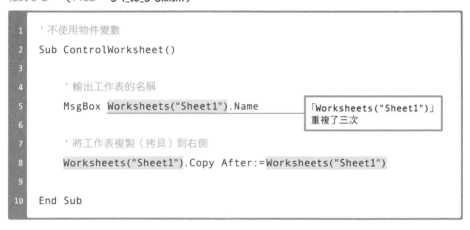

```
1   ' 不使用物件變數
2   Sub ControlWorksheet()
3
4       ' 輸出工作表的名稱
5       MsgBox Worksheets("Sheet1").Name          「Worksheets("Sheet1")」
6                                                 重複了三次
7       ' 將工作表複製（拷貝）到右側
8       Worksheets("Sheet1").Copy After:=Worksheets("Sheet1")
9
10  End Sub
```

雖然上述寫法也能達到原本的目的，但是 Worksheets ("Sheet1") 重複出現了三次，使得程式變得冗長，也降低了可讀性及可維護性。

解決這個問題的其中一種方法是利用 With 陳述式省略相同的物件名稱，不過這裡要介紹另一種使用「物件變數」的方法。

使用物件變數重寫程式，結果如程式 5-3 所示。

```
1    ' 在 Excel 中使用物件變數處理工作表
2    Sub ControlWorksheet2()
3
4        ' 宣告 Worksheet 型的物件變數
5        Dim ws As Worksheet
6
7        ' 將工作表「Sheet1」儲存在變數
8        Set ws = Worksheets("Sheet1")
9
10       ' 輸出工作表的名稱（變數名稱 . 屬性）
11       MsgBox ws.Name
12
13       ' 將工作表複製到右側（變數名稱 . 方法）
14       ws.Copy After:=ws
15
16   End Sub
```

> 「Worksheets("Sheet1")」
> 只要輸入一次，之後只要寫出
> 「ws」變數名稱即可

如何？ Worksheets("Sheet1") 只要輸入一次就好，程式
看起來更清楚易懂。

程式 5-3 執行了什麼操作呢？

請見以下概念圖（圖 5-6）的說明。

圖 5-6

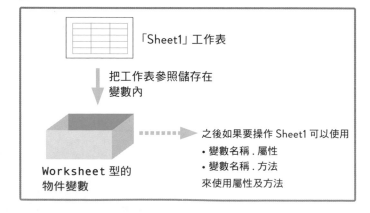

圖 5-6 是代表在變數儲存工作表。

先將工作表儲存在變數內，之後只要寫出

變數名稱 . 屬性

變數名稱 . 方法

就可以操作該工作表。這樣就不用重複寫出 Worksheets（"Sheet1"）程式碼。

可是這種方法必須使用「物件變數」當作變數的種類。

■

物件變數究竟是什麼？

VBA 變數有兩種。

☒　**儲存值的變數**

☒　**儲存物件的變數（物件變數）**

你在 VBA 的入門書裡應該常看到前者，如 Long 型或 String 型等，這是儲存數值或字串的變數。

然而，後者「物件變數」可以儲存對工作表、工作簿、儲存格範圍等操作對象（物件）的參照。

除了儲存工作表的 Worksheet 型、儲存工作簿的 Workbook 型、儲存儲存格範圍的 Range 型之外，還有其他類型的物件變數。

對物件的「參照」是什麼意思？

為什麼這裡要使用對物件的「參照」這樣的字眼？

請見圖 5-7 的說明。

圖 5-7

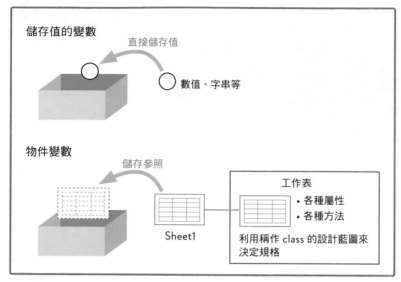

儲存值的變數

直接儲存值

數值、字串等

物件變數

儲存參照

工作表
- 各種屬性
- 各種方法

Sheet1

利用稱作 class 的設計藍圖來決定規格

圖 5-7 顯示了儲存值的變數與物件變數的差異。

儲存值用的變數會直接儲存數值、字串，可是物件變數內儲存的是對物件的「參照」。參照就像是用字典查單字時，只儲存「這個字在第幾頁？」的資料。

我們舉工作表當作實際的例子來說明。原本工作表這個物件就包含各種屬性及方法，例如：Name 屬性、Copy 方法等，這些全都含在物件內，和只把數值或字串等資料儲存在變數內的用法截然不同。因此在變數儲存物件時，不是儲存值，而是儲存「參照」資料。

程式 5-3 在

```
' 宣告 Worksheet 型的物件變數
Dim ws As Worksheet
```

宣告了 Worksheet 型的變數「ws」

接著在

```
' 將工作表「Sheet1」儲存在變數
Set ws = Worksheets("Sheet1")
```

把工作表「Sheet1」儲存在變數 ws。

最後利用

```
' 輸出工作表的名稱（變數名稱 . 屬性）
MsgBox ws.Name

' 將工作表複製到右側（變數名稱 . 方法）
ws.Copy After:=ws
```

使用工作表的 Name 屬性及 Copy 方法。這個意思是只要寫出

```
變數名稱 .Name
變數名稱 .Copy
```

就可以使用屬性及方法。上述用法不限於工作表，也同樣能用在工作簿（Workbook）、儲存格範圍（Range）等各種物件。先把操作對象儲存在物件變數內，只要寫出

```
變數名稱 .Name
變數名稱 .Copy
```

就能操作物件。

使用物件變數的目的

上述範例為了操作 Excel 的物件而使用了物件變數，這樣做有其優點，而且使用物件變數還有其他目的。

在物件變數儲存參照時，需要用到關鍵字 Set。一般而言，處理 Long 型、String 型等變數時，不需要這個關鍵字，但是若要在物件變數儲存參照，就得使用 Set，請注意別忘了這一點。

使用變數有其目的。

使用物件變數的目的大致分成兩個。

☑ 可以輕易使用 Excel 內的物件

☑ 為了使用 Excel 外的物件（Word、Internet Explorer、Outlook 等）

操作 Word 的目的屬於後者。

從下一節開始，要說明如何使用物件變數來操作 Word。

使用物件變數參照 Word

以下將用圖 5-8 說明如何使用物件變數操作 Word。

圖 5-8

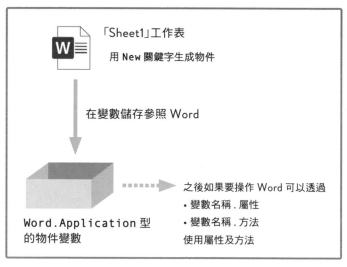

把 Word.Application 型的變數宣告為物件變數，並儲存對 Word 的參照。之後如果要操作 Word，只要寫出

```
變數名稱 . 屬性
變數名稱 . 方法
```

就能使用屬性及方法。

此外，若要把 Word 當作物件處理，必須寫出關鍵字 **New**。

我們要使用實際的 VBA 程式碼來確認這一點，請回到程式 5-1。

節錄自程式 5-1

```
' 儲存參照 Word 的物件變數
Dim wdApp As Word.Application

' 啟動 Word 並將其存放在物件變數中
Set wdApp = New Word.Application

' 顯示 Word
wdApp.Visible = True
```

上述程式利用

```
' 儲存參照 Word 的物件變數
Dim wdApp As Word.Application
```

宣告 Word.Application 型的「wdApp」物件變數。

接著在

```
' 啟動 Word 並將其存放在物件變數中
Set wdApp = New Word.Application
```

利用 New 關鍵字，生成 Word 的物件，同時把對 Word 的參照儲存在變數 wdApp 內（因為是物件變數，別忘了要使用 Set）。

如果沒有執行物件程式庫的參照設定，請寫成「Create Object("Word.Application")」取代「New Word.Application」。

「生成物件」的寫法或許你不熟悉，但是把 Word 當作物件處理就稱作「生成」。此時，需要 New 關鍵字。

最後

```
' 顯示 Word
wdApp.Visible = True
```

在 Word 的 **Visible 屬性**賦值。Visible 屬性是切換顯示、隱藏 Word 的屬性。賦值為 True，可以顯示 Word。

關閉 Word

接著要説明關閉 Word 的程式。

以下從**程式 5-1** 節錄了該部分的程式碼。

```
' 關閉 Word
wdApp.Quit

' 物件變數不參照任何內容
Set wdApp = Nothing
```

上述的 wdApp.Quit 利用了 **Quit 方法**關閉 Word。

此外，Set wdApp = Nothing 能讓物件變數 wdApp 不參照任何內容，這樣可以釋放使用中的記憶體。

Nothing 是指不參照任何物件的特別值。建議關閉 Word 之後，先賦值為 Nothing，這是一種「原則」。

輸入「wdApp.」時，自動列出成員功能會顯示候選清單。這是拜 Word 物件程式庫的參照設定所賜，如果沒有設定，就無法使用自動列出成員功能。

開啟、關閉
用 Word 儲存的文件

接著要說明開啟現有 Word 文件的程式（程式 5-4）。

這裡要開啟 Word 文件「wd_sample.docx」，這個文件與啟用
VBA 巨集的工作簿存放在同一個資料夾內（圖 5-9）。

圖 5-9

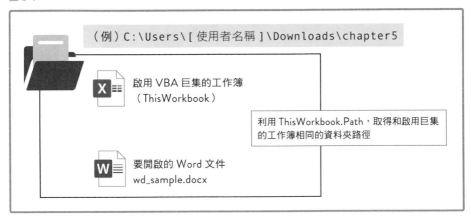

（例）C:\Users\[使用者名稱]\Downloads\chapter5

啟用 VBA 巨集的工作簿
（ThisWorkbook）

利用 ThisWorkbook.Path，取得和啟用巨集
的工作簿相同的資料夾路徑

要開啟的 Word 文件
wd_sample.docx

程式 5-4 ：〔FILE ： **5-4.xlsm**〕

```
1    ' 開啟 Word 文件
2    Sub OpenWordDoc()
3
4    '--- 啟動 Word 應用程式 ---
5        Dim wdApp As Word.Application          ❶ 啟動 Word 應用
6        Set wdApp = CreateObject("Word.Application")    程式
7        wdApp.Visible = True
8
9    '--- 開啟 Word 文件 ----
10       ' 開啟文件的路徑
11       Dim path As String
```

接下頁

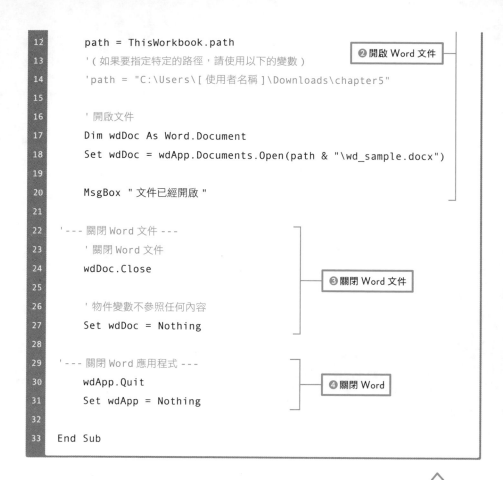

```
12    path = ThisWorkbook.path
13    '（如果要指定特定的路徑，請使用以下的變數）
14    'path = "C:\Users\[ 使用者名稱 ]\Downloads\chapter5"
15
16    ' 開啟文件
17    Dim wdDoc As Word.Document
18    Set wdDoc = wdApp.Documents.Open(path & "\wd_sample.docx")
19
20    MsgBox " 文件已經開啟 "
21
22  '--- 關閉 Word 文件 ---
23    ' 關閉 Word 文件
24    wdDoc.Close
25
26    ' 物件變數不參照任何內容
27    Set wdDoc = Nothing
28
29  '--- 關閉 Word 應用程式 ---
30    wdApp.Quit
31    Set wdApp = Nothing
32
33  End Sub
```

❷ 開啟 Word 文件

❸ 關閉 Word 文件

❹ 關閉 Word

程式 5-4 大致可以分成四個處理步驟。

這裡為了方便說明每個部分，而在使用該變數的前一行宣告變數。原本應該將變數的宣告內容統一放在程序開頭，這裡因為說明的關係而做了調整，敬請見諒。

❶ 啟動 Word 應用程式
❷ 開啟 Word 文件
❸ 關閉 Word 文件
❹ 關閉 Word

這裡要注意的重點是，操作 Word 與操作文件使用了不同物件。

☑ 操作 Word…Word.Application 物件

☑ 操作文件…Word.Document 物件

只要對照在 Excel VBA 操作 Excel 時，會使用 Application 物件，而操作工作簿是使用 Workbook 物件，就能輕易瞭解這一點。

以下用圖示顯示了操作 Word 時，常用的物件（圖 5-10）。

圖 5-10

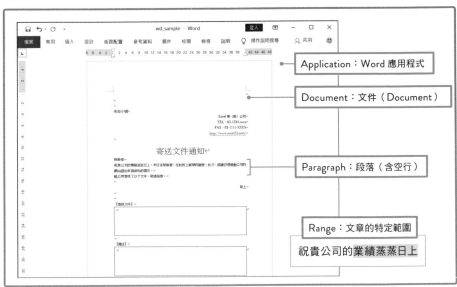

以下從程式 5-4 節錄了這個部分來說明。

```
' 開啟文件的路徑
Dim path As String
path = ThisWorkbook.path
```

之後會把開啟文件的路徑儲存在 String 型的「path」變數內。

利用 ThisWorkbook.path 可以取得和啟用巨集的工作簿一樣的資料夾路徑。

此外，在下面輸入

請注意！前提是已經把文件儲存在和啟用巨集的工作簿一樣的資料夾內。

```
'（如果要指定特定的路徑，請使用以下的變數）
'path = "C:\Users\[ 使用者名稱 ]\Downloads\chapter5"
```

[使用者名稱] 的部分會隨著 Windows 的使用者名稱而改變，請更換成你電腦裡的使用者名稱。

當作註解，用來補充説明程式碼。假如想直接指定開啟文件的資料夾路徑，有時必須輸入上述這種絕對路徑。

接著是開啟文件的程式。

```
' 開啟文件
Dim wdDoc As Word.Document
Set wdDoc = wdApp.Documents.Open(path & "\wd_sample.docx")
```

宣告物件變數「wdDoc」，用來儲存參照 Word 的 **Document 物件**。此外，利用 wdApp.Documents.Open 開啟文件，把該文件當作 Document 物件，在變數「wdDoc」儲存參照。

```
path & "\wd_sample.docx"
```

上述程式碼用 "&" 連結儲存在變數「path」的路徑及 \wd_sample.docx 字串。「wd_sample.docx」是檔案名稱 . 副檔名，注意前面別忘了加上 \。

假設「path」的字串是 "C:\Users\[使 用 者 名 稱]\Downloads\chapter5"，就會與檔名連結，開啟 C:\Users\[使用者名稱]\Downloads\chapter5\wd_sample.docx 文件。

關閉 Word 文件

以下節錄了關閉已開啟文件的程式碼。

```
' 關閉 Word 文件
wdDoc.Close

' 物件變數不參照任何內容
Set wdDoc = Nothing
```

使用 **wdDoc.Close** 可以關閉文件。即使更改了文件內容也不儲存，想直接關閉時，可以輸入 wdDoc.Close SaveChanges:=wdDoNotSaveChanges 選項，就不會儲存檔案，直接關閉。反之，如果要儲存檔案後再關閉，請輸入 wdDoc.Close SaveChanges:=wdSaveChanges。

此外，輸入 Set wdDoc = Nothing，在物件變數賦值為 Nothing，可以恢復成沒有參照任何物件的狀態。

\　開始練習！　/

取得或插入 Word 的字串

以下要說明如何從開啟中的文件取得或插入字串（程式 5-5）。

這次的巨集要執行以下操作（圖 5-11）。

> ☒　從開啟中的文件取得特定字串至 Excel
>
> ☒　在開啟中的 Word 文件特定位置插入字串

圖 5-11

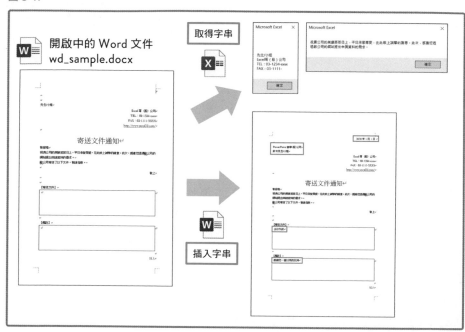

程式 5-5：〔FILE：**5-5.xlsm**〕

```
1    ' 從文件中取得字串或插入字串
2    Sub OpenWordDoc()
3
4        Dim wdApp As Word.Application
5        Dim wdDoc As Word.Document
6        Dim path As String
7                                                    ❶ 啟動 Word 並開啟文件
8        '--- 啟動 Word 並開啟文件
9        Set wdApp = New Word.Application
10       wdApp.Visible = True
11       path = ThisWorkbook.path
12      '( 如果要指定特定的路徑，請改寫以下的變數 )
13        'path = "C:\Users\[ 使用者名稱 ]\Downloads\chapter5"
14       Set wdDoc = wdApp.Documents.Open(path & "\wd_sample.docx")
15
16       '--- 取得或插入字串
```

```
17
18        ' 取得文件中的第 0 ～ 50 個字元                    ❷取得或插入字串
19        MsgBox wdDoc.Range(Start:=0, End:=50).Text
20
21        ' 取得第 12 段的所有字元
22        MsgBox wdDoc.Paragraphs(12).Range.Text
23
24        ' 取得第 12 段的第 3 ～ 10 個字元
25        With wdDoc
26            MsgBox .Range(.Paragraphs(12).Range.Start + 2, .
                  Paragraphs(12).Range.Start + 10).Text
27        End With
28
29        ' 在段落開頭插入字串
30        wdDoc.Paragraphs(1).Range.InsertBefore "2020 年 1 月 1 日 "
31        wdDoc.Paragraphs(3).Range.InsertBefore "PowerPoint 商事（股）公司 "
32        wdDoc.Paragraphs(4).Range.InsertBefore " 鈴木 "
33
34        ' 將字串插入表格內的儲存格
35        wdDoc.Tables(1).Cell(Row:=1, Column:=1).Range.InsertBefore " 請
              款明細 "
36        wdDoc.Tables(2).Cell(Row:=1, Column:=1).Range.InsertBefore " 感
              謝您一直以來的支持 "
37                                                    ❸關閉文件與 Word 應用程式
38    '--- 關閉文件與 Word 應用程式
39        wdDoc.Close SaveChanges:=wdSaveChanges
40        wdApp.Quit
41
42        Set wdDoc = Nothing
43        Set wdApp = Nothing
44
45    End Sub
```

程式大致分成三個部分。

① 啟動 Word 並開啟文件

② 取得或插入字串

③ 關閉文件與 Word 應用程式

① 與 ③ 和上一節一樣，只是把程式整理過，縮短了行數。內容請參考上一節的說明，這裡省略。

以下要說明「② **取得或插入字串**」。

利用 Range 物件取得文件的特定範圍

```
' 取得文件中的第 0 ～ 50 個字元
MsgBox wdDoc.Range(Start:=0, End:=50).Text
```

上述是設定文件開頭～第 50 個字元的範圍，利用 Text 屬性取得該字串。

Word 的 **Range 物件**可以利用文件開頭起的字元數來設定字串範圍。以參數 Start 設定起始字元數，用 End 設定結束字元數。另外，也可以省略「Start:=」、「End:=」參數名稱，只輸入「0，50」。

可是上述方法必須設定文件開頭的字元數，很難從字元數較多的文件取得字串。

因此我們可以設定段落編號，取得字串，請見以下範例。

使用 Paragraphs 集合設定段落

```
' 取得第 12 段的所有字元
MsgBox wdDoc.Paragraphs(12).Range.Text
```

上述是設定文件第 12 段的所有字元，使用 **Text 屬性**取得字串。

Word 的段落屬於 Paraghraphs 集合。利用 Paraghraphs（數值）可以設定自開頭起的段落數。此外，一般的換行也視為一個段落。

如何設定段落內的字元？

這次的程式 5-5 沒有使用這個設定，假設「只想取得第 12 段的第 3 ～ 10 個字元」時，可能會直覺寫成以下這樣。

可是這樣會出現錯誤。

```
' 會出現錯誤
MsgBox Paragraphs(12).Range(3,10).Text
```

必須改成以下寫法。

```
' 輸出第 12 段的第 3 ～ 10 個字元
With wdDoc
    MsgBox .Range(.Paragraphs(12).Range.Start + 2, .Paragraphs(12).
      Range.Start + 10).Text
End With
```

上面利用 Range(Start,End) 的參數，分別設定

```
.Paragraphs(12).Range.Start + 2  （自第 12 段開頭起的第 2 個字元）
.Paragraphs(12).Range.Start + 10 （自第 12 段開頭起的第 10 個字元）
```

Range.Start 屬性會傳回字串開頭的字元數。把這些字元數相加，可以顯示「自段落開頭起的第 ● 個字元」。

在段落開頭插入字串

使用以下寫法，可以在指定的段落開頭插入字串。例如：在日期段落的開頭插入 "2020 年 1 月 1 日 "，在公司名稱段落開

頭插入 "PowerPoint 商事（股）公司 "，在姓氏段落的開頭
插入 " 鈴木 "。

```
' 在段落開頭插入字串
wdDoc.Paragraphs(1).Range.InsertBefore "2020 年 1 月 1 日 "
wdDoc.Paragraphs(3).Range.InsertBefore "PowerPoint 商事（股）公司 "
wdDoc.Paragraphs(4).Range.InsertBefore " 鈴木 "
```

把當作參數的字串傳遞給 InsertBefore 方法，可以在段落
開頭插入字串。如果要在 Excel 自動插入字串，這種方法比較
實用。

利用 Tables 集合設定表格

接下來的程式是在 Word 文件的表格儲存格插入字串。

```
' 將字串插入表格內的儲存格
wdDoc.Tables(1).Cell(Row:=1, Column:=1).Range.InsertBefore " 請款明細 "
wdDoc.Tables(2).Cell(Row:=1, Column:=1).Range.InsertBefore " 感謝您一直
    以來的支持 "
```

Word 文件的表格屬於 Tables 集合。輸入 Tables（數
值），可以設定自文件開頭起的第幾個表格。如果要設定表格
內的儲存格，使用 .Cell(Row,Column) 屬性，能用數值設
定表內的列、欄，這點與 Excel VBA 的 Cells 屬性類似。

還可以省略「Row:=」、「Column:=」，只輸入「1, 1」。這
次文件（wd_sample.docx）內的表格只有一列一欄儲存格，
所以設定為「1, 1」。

■

為什麼要在表格內插入字串？請見圖 5-12。

圖 5-12：wd_sample.docx

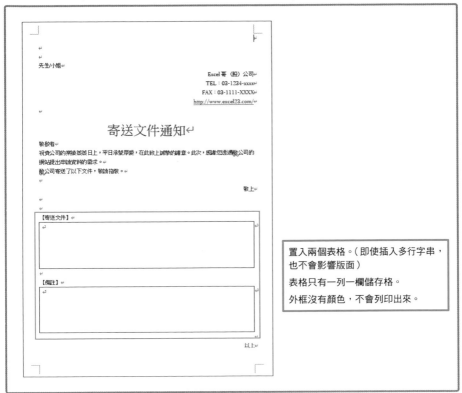

置入兩個表格。（即使插入多行字串，也不會影響版面）

表格只有一列一欄儲存格。

外框沒有顏色，不會列印出來。

其實這次程式 5-5 處理的 Word 文件（wd_sample.docx）在文件下方置入了兩個「表格」。在【寄送文件】欄及【備註】欄插入字串時，即使有多行文字，也不會影響整份文件的版面。如果沒有使用這種方法，直接在段落插入字串，當字串超過一行時，後面的段落會跟著往下移，可能讓整份文件無法顯示成一頁。因此先設置表格，即使插入多行字串，也不會影響後面的段落。

此外，每個表格只有一列一欄儲存格，而且外框為無色（無框），列印時也不會顯示外框。

將 Excel 的字串插入 Word
並列印、儲存檔案

將 Excel 的字串插入 Word 並列印

以下將運用前面學過的內容，說明把 Excel 的字串插入 Word
並列印的方法。

這次的巨集是從 Excel 的表格取得資料，依序插入 Word 文
件，然後進行預覽列印及儲存檔案（圖 5-13）。

> 為了避免列印錯誤，這裡先顯示預覽列印，後面會再說明執行列印的程式。

圖 5-13

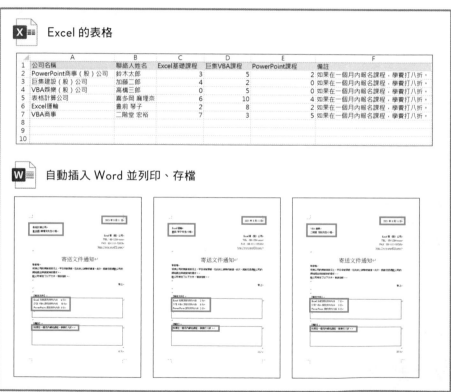

程式 5-6：〔FILE：5-6.xlsm〕

```vba
1   ' 從 Excel 的表格取得字串插入 Word 並列印
2   Sub OpenWordDoc()
3
4       Dim wdApp As Word.Application
5       Dim wdDoc As Word.Document
6       Dim path As String
7
8   ' --- 啟動 Word 應用程式並準備開啟文件
9       Set wdApp = New Word.Application
10      wdApp.Visible = True
11      path = ThisWorkbook.path
12      '( 如果要指定路徑，請改寫以下變數內容 )
13      'path = "C:\Users\[ 使用者名稱 ]\Downloads\chapter5"
14      Set wdDoc = wdApp.Documents.Open(path & "\wd_sample.docx")
15
16  ' --- 從 Excel 的表格取得字串插入 Word 並列印
17
18      ' 取得表格的最後一列
19      Dim maxRow As Long
20      maxRow = Cells(Rows.Count, 1).End(xlUp).Row
21
22      ' 表格的標題列除外，從開始到最後一列不斷重複
23      Dim i As Long
24      For i = 2 To maxRow
25
26          ' 開啟文件
27          Set wdDoc = wdApp.Documents.Open(path & "\wd_sample.docx")
28
29          ' 日期
30          wdDoc.Paragraphs(1).Range.InsertBefore Format(Now, "yyyy年
                m月d日")
31          ' 公司名稱
32          wdDoc.Paragraphs(3).Range.InsertBefore Cells(i, 1).Value
33          ' 聯絡人姓名
34          wdDoc.Paragraphs(4).Range.InsertBefore Cells(i, 2).Value
```

❶ 啟動 Word，開啟文件

❷ 從 Excel 的表格取得字串插入 Word 並列印

接下頁

```vba
35        ' 附件
36        Dim str As String
37        Dim j As Long
38        For j = 3 To 5
39            If Cells(i, j).Value <> 0 Then
40                str = Cells(1, j).Value & " 資料內容 "
41                str = str & vbTab
42                str = str & Cells(i, j).Value & " 份 "
43                str = str & vbCrLf
44                wdDoc.Tables(1).Cell(1, 1).Range.InsertAfter str
45            End If
46        Next j
47        ' 備註
48        wdDoc.Tables(2).Cell(1, 1).Range.InsertBefore Cells(i, _
              6).Value
49
50        ' 預覽列印
51        wdApp.ActiveDocument.PrintPreview
52        ' 列印之前要做以下設定
53        'wdDoc.PrintOut
54
55        ' 輸出為 PDF 格式
56        wdDoc.ExportAsFixedFormat _
57            OutputFileName:=path & "\" & Cells(i, 1).Value & ".pdf", _
58            ExportFormat:=wdExportFormatPDF
59
60        ' 使用其他名稱儲存檔案
61        wdDoc.SaveAs path & "\" & Cells(i, 1).Value & ".docx"
62
63        ' 關閉文件
64        wdDoc.Close SaveChanges:=wdDoNotSaveChanges
65    Next
66
67    '--- 關閉檔案並退出 Word 應用程式
68    wdApp.Quit
69    Set wdDoc = Nothing
70    Set wdApp = Nothing
```

❸ 關閉檔案並退出 Word

```
69
70  End Sub
```

整個程式是由以下三個部分構成。這裡要說明「❷ **從 Excel 的表格取得字串插入 Word 並列印**」。

---

❶ **啟動 Word，開啟文件**
❷ **從 Excel 的表格取得字串插入 Word 並列印**
❸ **關閉檔案並退出 Word**

取得表格的最後一列，並從開頭到最後一列重複執行

首先取得表格最後一列的列數，然後用 **For 迴圈**反覆從 Excel 的開頭到最後一列取得字串。

```
' 開啟文件
Set wdDoc = wdApp.Documents.Open(path & "\wd_sample.docx")

    ' 插入列印處理內容（省略）

    ' 關閉文件
    wdDoc.Close SaveChanges:=wdDoNotSaveChanges

Next i
```

這裡要注意的是，開啟文件及關閉文件的處理。

這個部分寫在 For 迴圈的開頭與末尾。因為在一份文件執行插入、列印之後，會先關閉該文件，然後重新開啟文件，再進行下個插入、列印。

在文件的各個位置插入資料

接下來要說明如何在文件的各個位置插入來自 Excel 的資料。以下是從程式 5-6 節錄的程式碼。

節錄自程式 5-6

```
' 日期
wdDoc.Paragraphs(1).Range.InsertBefore Format(Now, "yyyy 年 m 月 d 日 ")
' 公司名稱
wdDoc.Paragraphs(3).Range.InsertBefore Cells(i, 1).Value
' 聯絡人姓名
wdDoc.Paragraphs(4).Range.InsertBefore Cells(i, 2).Value
' 附件
Dim str As String
Dim j As Long
For j = 5 To 3 Step -1
If Cells(i, j).Value <> 0 Then
    str = Cells(1, j).Value & " 資料內容 "
    str = str & vbTab
    str = str & Cells(i, j).Value & " 份 "
    str = str & vbCrLf
    wdDoc.Tables(1).Cell(1, 1).Range.InsertBefore str
    End If
Next j
' 備註
wdDoc.Tables(2).Cell(1, 1).Range.InsertBefore Cells(i, 6).Value
```

上述程式插入了表 5-1 的資料。

表 5-1

項目	段落或位置	插入的資料
日期	段落 1 Paragraphs(1)	以 yyyy 年 m 月 d 日的格式插入現在的年月日
公司名稱	段落 3 Paragraphs(3)	第 i 列第 1 欄的值（公司名稱）
聯絡人姓名	段落 4 Paragraphs(4)	第 i 列第 2 欄的值（聯絡人姓名）
附件	表 1 Tables(1)	把第 i 列第 3 ～ 5 欄的值當作字串，逐行換行插入，如「Excel 基礎課程資料內容 7 份」
備註	表 2 Tables(2)	第 i 列第 6 欄的值（備註）

日期的寫法如下所示。

```
' 日期
wdDoc.Paragraphs(1).Range.InsertBefore Format(Now, "yyyy 年 m 月 d 日")
```

這裡以 yyyy 年 m 月 d 日的格式自動插入目前的日期。

Now 函數會傳回目前的日期與時間。例如：取得 2020/1/10 19:21:45 的序號值（在 Excel 內部管理日期時間資料的數值）。上述日期資料使用 **Format 函數**轉換成 yyyy 年 m 月 d 日格式。

利用 Format(Now, "yyyy 年 m 月 d 日 ") 的寫法，把用 Now 函數取得的日期轉換成 yyyy 年 m 月 d 日的格式。

「附件」的部分需要稍微費心處理。

假設 Excel 的第 i 列資料如表 5-2 所示。

表 5-2

第 1 列	公司名稱	聯絡人姓名	Excel 基礎課程	巨集 VBA 課程	PowerPoint 課程	備註
第 i 列	PowerPoint 商事（股）公司	鈴木太郎	3	5	2	如果在一個月內報名，學費打八折。

插入字串必須進行以下加工。

- **Excel 基礎課程資料內容　3 份**
- **巨集 VBA 課程資料內容　5 份**
- **PowerPoint 課程資料內容　2 份**

因此程式如下所示。

```
' 附件
Dim str As String
Dim j As Long
```

```
For j = 3 To 5
    If Cells(i, j).Value <> 0 Then
    str = Cells(1, j).Value & " 資料內容 "
    str = str & vbTab
        str = str & Cells(i, j).Value & " 份 "
        str = str & vbCrLf
        wdDoc.Tables(1).Cell(1, 1).Range.InsertAfter str
    End If
Next
```

讓計數變數 j 依序增加為 3 ～ 5，並執行 For 迴圈，依序插入
i 列第 3 欄～第 5 欄的值。

```
Dim j As Long
For j = 3 To 5

        ' 這是在 Word 的表格末尾插入資料的處理

Next j
```

倘若 Excel 表格內的份數為「0」，必須使用 **If 陳述式**，避免
插入該資料的份數。

```
If Cells(i, j).Value <> 0 Then

    ' 這是在 Word 的表格末尾插入資料的處理

End If
```

為了把字串調整成「Excel 基礎課程資料內容〔Tab 分隔〕3
份〔換行〕」，將依序結合以下資料（表 5-3）。

表 5-3

標題列的資料名稱	Cells(1,j).Value
"資料內容" 字串	" 資料內容 "

116

Tab 分隔	vbTab
i 列 j 欄的資料	Cells(i,j).Value
換行程式碼	vbCrLf

程式碼如下所示（把值依序儲存在變數 str 內，並用 & 連結）。

```
str = Cells(1, j).Value & " 資料內容 "
str = str & vbTab
str = str & Cells(i, j).Value & " 份 "
str = str & vbCrLf
```

列印、輸出為 PDF 格式、儲存文件檔案

列印文件的程式如下所示。

```
' 預覽列印
 wdApp.ActiveDocument.PrintPreview
' 列印之前要做以下設定
'wdDoc.PrintOut
```

使用 **PrintOut 方法**列印整份文件。此時，會使用預設的印表機列印文件。

另外，輸出為 PDF 格式是使用以下程式。

```
' 輸出為 PDF 格式
wdDoc.ExportAsFixedFormat _
    OutputFileName:=path & "\" & Cells(i, 1).Value & ".pdf", _
    ExportFormat:=wdExportFormatPDF
```

利用 **ExportAsFixedFormat 方法**以不同格式輸出檔案。參數設定為 ExportFormat:=wdExportFormatPDF，可以輸出成 PDF 格式。

此外，必須用字串設定 OutputFileName:= 路徑 \ 檔名 .pdf，指定輸出檔案的位置與檔名。上述程式範例寫成 OutputFileName:=path & "\" & Cells(i, 1).Value & ".pdf"。這裡用 "&" 結合表 5-4 的資料。

表 5-4

變數 **path** 的字串	開啟文件之前，使用這個變數。把和儲存了啟用巨集的工作簿一樣的路徑當作字串儲存起來
"\"	路徑的分隔字元
第 i 列第 1 欄的文字（公司名稱）	用 Cells(i,1) 設定
".pdf"	PDF 檔案的副檔名

儲存文件的程式如下所示。

```
' 使用其他名稱儲存檔案
wdDoc.SaveAs path & "\" & Cells(i, 1).Value & ".docx"
```

使用 **SaveAs 方法**另存新檔。

和輸出為 PDF 時一樣，參數設定為路徑 \ 檔名 .docx，因此同樣設定成 path & "\" & Cells(i, 1).Value & ".docx"。

第**6**章

結合外部應用程式
擴大運用範圍（2）
Outlook 篇

在 Excel 操作 Outlook，
可以插入郵件並同時傳送，
或在 Excel 取得郵件清單！

本章要解說使用 Excel VBA 操作 Outlook 的方法。提到 Outlook，就會想到這是傳送、接收電子郵件的軟體，不過與 Excel 結合究竟有什麼優點？

實務上你應該碰過以下狀況吧？

> 【狀況1】
>
> **想一次傳送電子郵件給多位收件者，但是要依照每個對象取代部分內容再傳送，非常麻煩…。**
>
> 【狀況2】
>
> **想從收到的大量電子郵件中，取得重要資料並匯入 Excel，製作成清單，可是手動操作很麻煩…。**

使用 Excel VBA 結合 Outlook 就能解決這些煩惱。

補充說明

不使用巨集也可以取代、傳送電子郵件。Word 提供了用「合併列印」傳送電子郵件的選項，可是目前如果沒有使用巨集，就無法自動合併資料再傳送電子郵件。

【狀況 1】依照 Excel 的通訊錄，逐一修改給每位對象的內容再一起傳送

在 Excel VBA 操作 Outlook，可以按照 Excel 製作的通訊錄，一次傳送所有電子郵件，還能修改給每位對象的部分內文，取代「公司名稱」、「姓名」等字串（圖 6-1）。

圖 6-1

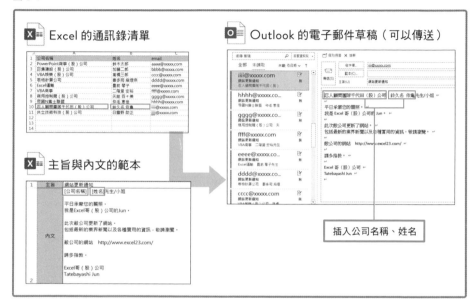

【狀況 2】從收到的大量電子郵件中取得資料並製作成 Excel 清單

利用 Excel VBA 可以從 Outlook 收到的大量電子郵件中，取得「收信日期」、「寄件者」、「寄件者 email」、「主旨」、「內文」等各種資料，整合成 Excel 的清單（圖 6-2）。

> 這裡的操作是以在電腦安裝了 Outlook 為前提。如果你的電腦沒有安裝 Outlook，將無法執行，敬請見諒。

圖 6-2

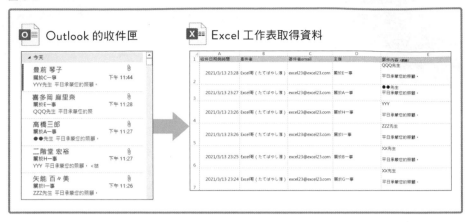

如圖 6-1、圖 6-2 所示，使用 Excel VBA 操作 Outlook，可以自動執行以下步驟。

> ☑ Excel ➡ 在 Outlook 插入資料並傳送
> ☑ Outlook ➡ 將資料收集到 Excel 內

以下先説明用 Excel VBA 操作 Outlook 的方法。

〈 操作 Outlook 之前，必須先執行 Outlook 的初期設定。

執行 Outlook 物件程式庫的參照設定

第 5 章説明過，在 Excel 要操作 Excel 以外的 Office 應用程式，先執行物件程式庫的參照設定比較方便（圖 6-3）。

〈 請 在 Excel 的 VBE 內執行這項操作。

> 1. 在 Excel VBE 執行「工具」→「設定引用項目」命令
> 2. 勾選「Microsoft Outlook x.x Object Library」，按下「確定」鈕

〈 和 Word 一 樣，x.x 是 依照 Office 的 版本輸入不同數值。

以上就完成 Outlook 程式庫的參照設定。

下一節將説明實際操作 Outlook 的程式。

圖 6-3

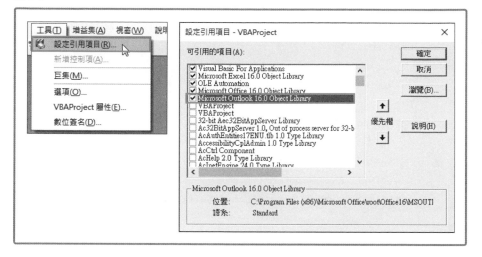

\ 開始練習！ /

開啟 Outlook 的
新增電子郵件視窗

使用程式 6-1（下一頁），可以啟動 Outlook，開啟新增電子郵件視窗。

---

1. **啟動 Outlook 應用程式**
2. **顯示新增電子郵件視窗**
3. **在 Excel 顯示訊息方塊**

實際上是執行以下操作（圖 6-4）。

■

程式 6-1 使 用 了 在 Outlook 操 作 電 子 郵 件 時，重 要 的
「MailItem 物件」，以下將依序說明這些重要的元素。

程式 6-1：〔FILE：**6-1.xlsm**〕

```
1    ' 開啟 Outlook 並預覽空白郵件
2    Sub CreateMail()
3
4        ' 將 Outlook 應用程式儲存在物件變數中
5        Dim olApp As Outlook.Application
6        Set olApp = New Outlook.Application
7
8        ' 建立 MailItem 物件
9        Dim olMail As Outlook.MailItem
10       Set olMail = olApp.CreateItem(olMailItem)
11
12       ' 預覽郵件
13       olMail.Display
14
15       MsgBox "已開啟 Outlook"
16
17       ' 刪除物件變數參照
18       Set olMail = Nothing
19       Set olApp = Nothing
20
21   End Sub
```

圖 6-4：**程式 6-1 的結果**

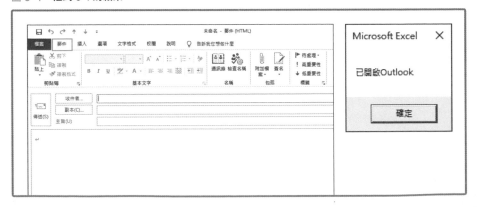

啟動 Outlook

以下從程式 6-1 節錄了啟動 Outlook 的程式碼。

```
' 將 Outlook 應用程式儲存在物件變數中
Dim olApp As Outlook.Application
Set olApp = New Outlook.Application
```

上述程式碼的意思是，為了操作 Outlook，而把 Outlook 應用程式儲存在**物件變數**內。請見以下概念圖（圖 6-5）。

關於在物件變數儲存應用程式的詳細說明請參考第 5 章（P.091 ～），這裡省略。

圖 6-5

Outlook 應用程式

使用 New 關鍵字生成物件

把 Outlook 參照儲存在變數內

之後要操作 Outlook，只要利用
- 變數名稱.屬性
- 變數名稱.方法
就能使用屬性及方法。

Outlook.Application 型
的物件變數

利 用 Dim olApp As Outlook.Application， 宣 告 Outlook.Application 型的物件變數「olApp」。此外，在 Set olApp = New Outlook.Application 使用 New 關鍵字，生成 Outlook 的物件，並儲存在變數 olApp 內。

假如沒有執行物件程式庫的參照設定，必須寫成「CreateObject ("Outlook.Application")」，而不是「New Outlook.Application」。

如上所示，在物件變數儲存 Outlook 參照，之後若要操作 Outlook，只要寫成

> 🔳 **變數名稱.屬性**
> 🔳 **變數名稱.方法**

就可以使用屬性及方法。

顯示新增電子郵件視窗

即便在 VBA 寫出啟動 Outlook 的程式碼，也不會開啟 Outlook 視窗。

因此要使用以下程式碼顯示新增電子郵件視窗。

```
' 建立 MailItem 物件
Dim olMail As Outlook.MailItem
Set olMail = olApp.CreateItem(olMailItem)

' 預覽郵件
olMail.Display
```

執行上述程式碼，會顯示新增電子郵件視窗。以下將利用概念圖（圖 6-6）說明物件之間的關係。

圖 6-6

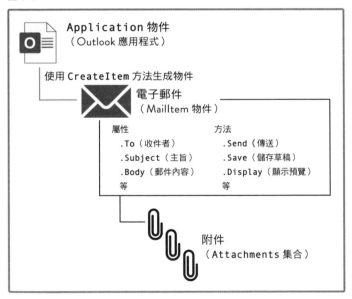

前面在「**啟動 Outlook**」的小節說明過，為了操作 Outlook，把應用程式儲存在物件變數內，Outlook 本身會當作 **Application 物件**處理。

接著顯示電子郵件的物件是「**MailItem 物件**」。Mailltem 物件具有

> ☑ **儲存電子郵件主旨及收件者等資料的屬性**
>
> ☑ **傳送電子郵件、儲存草稿、顯示預覽的方法**

如果要顯示新增電子郵件視窗，必須使用 MailItem 物件。

在 Dim olMail As Outlook.MailItem 宣告 MailItem 型的物件變數「olMail」。

然後在 Set olMail = olApp.CreateItem(olMailItem)，利用儲存在變數 olApp 的 Outlook 應用程式 CreateItem 方法建立 MailItem 物件，並儲存在變數「olMail」內。最後在 olMail.Display，使用 MailItem 的 Display 方法，預覽電子郵件。此時，因為 MailItem 物件還沒有在屬性儲存主旨及內文等資料，所以視窗顯示為空白狀態。

刪除物件變數參照

最後要說明刪除物件變數參照的程式碼。

以下從程式 6-1 節錄了這個部分的程式碼。

```
' 刪除物件變數參照
Set olMail = Nothing
Set olApp = Nothing
```

在使用過的各個物件變數（olMail 與 olApp）儲存 Nothing，執行刪除物件變數參照的處理，藉此釋放使用中的記憶體。

使用 Outlook 傳送電子郵件（一封）

使用 Outlook 傳送一封電子郵件

接著要介紹傳送一封電子郵件的程式（程式 6-2），這裡會建立以下的電子郵件。

收件者	test@excel123.com
主旨	您好
信件內容	這是郵件內容
郵件格式	文字格式

「郵件格式」包括只傳送一般字串的「文字格式」，以及和網頁一樣，可以加上文字裝飾、超連結等「HTML 格式」。這裡介紹的是比較容易用巨集自動處理的「文字格式」。

程式 6-2：〔FILE：**6-2.xlsm**〕

```
1  ' 傳送一封電子郵件
2  Sub SendMail()
3
4      ' 參照 Outlook 應用程式                    ❶ 參照 Outlook 應用程式，
5      Dim olApp As Outlook.Application             產生 MailItem 物件
6      Set olApp = New Outlook.Application
7
8      ' 建立 MailItem 物件
9      Dim olMail As Outlook.MailItem
10     Set olMail = olApp.CreateItem(olMailItem)
11
12     ' 輸入電子郵件資料                          ❷ 輸入電子郵件資料
13     With olMail
14         ' 收件者
15         .To = "test@excel23.com"
16
17         ' 主旨
18         .Subject = " 您好 "
19
```

```
20          ' 郵件內容
21          .Body = " 這是郵件內容 "
22
23          ' 郵件格式
24          .BodyFormat = olFormatPlain
25
26      End With
27
28      ' 加入附件
29      olMail.Attachments.Add ThisWorkbook.Path & "\gazou.png"
30
31      ' 傳送電子郵件
32      olMail.Save        ' 儲存草稿                    ❸ 預覽電子郵件 / 儲存草稿 / 傳送
33      olMail.Display     ' 顯示預覽
34      'olMail.Send       ' 傳送
35
36      ' 刪除物件變數參照
37      Set olMail = Nothing                            ❹ 結束 Outlook 應用程式的參照
38      Set olApp = Nothing
39
40  End Sub
```

補充說明

執行程式 6-2 之後，會以傳送電子郵件前的狀態，顯示新增電子郵件視窗，因為這裡把

```
' 傳送
'olMail.Send
```

註解掉了。執行 Send 方法可以傳送電子郵件，不過這裡為了避免不小心傳送出電子郵件，所以先註解掉。假如你想傳送電子郵件，只要取消即可。

程式 6-2 是由四個部分構成，以下要説明 ❷ 與 ❸ 。

❶ 參照 Outlook 應用程式，產生 MailItem 物件

❷ 輸入電子郵件資料

❸ 預覽電子郵件 / 儲存草稿 / 傳送

❹ 結束 Outlook 應用程式的參照

輸入電子郵件資料

以下是從程式 6-2 節錄出輸入電子郵件的收件者、主旨、郵件
內容等資料部分，請一併檢視下一頁的圖 6-7。

```
' 輸入電子郵件資料
With olMail
    ' 收件者
    .To = "test@excel23.com"

    ' 主旨
    .Subject = " 您好 "

    ' 郵件內容
    .Body = " 這是郵件內容 "

    ' 郵件格式
    .BodyFormat = olFormatPlain

End With
```

變數「olMail」儲存了定義電子郵件的 MailItem 物件。
MailItem 物件的各個屬性可以決定電子郵件的收件者、主
旨、郵件內容等資料，上述程式把值儲存在決定這些資料的屬
性內。

圖 6-7

表 6-1：上述程式使用的 `MailItem` 物件屬性以及儲存值

屬性	說明	儲存值
To	收件者	test@excel23.com
Subject	主旨	您好
Body	郵件內容	這是郵件內容
BodyFormat	郵件格式	olFormatPlain

BodyFormat 屬性 儲存了設定「文字格式」的常數 `olFormatPlain`。除此之外，還可以設定以下常數。

表 6-2：可以在 BodyFormat 設定的常數

名稱	說明
olFormatHTML	HTML 格式
olFormatPlain	文字格式
olFormatRichText 文字	RTF 格式
olFormatUnspecified	不指定格式

除此之外，這裡還要介紹 MailItem 物件常用的屬性。

表 6-3：MailItem 物件的其他屬性

屬性	說明
Cc	設定副本（CC）
Bcc	設定密件副本（BCC）

添加電子郵件的附件

以下是在電子郵件加入附件的程式碼，這裡將搭配圖 6-8 來說明。

```
' 加入附件
olMail.Attachments.Add ThisWorkbook.Path & "\gazou.png"
```

如果要在電子郵件添加附件，可以在 MailItem 物件下層的 Attachements 集合加入一個～多個附件。使用的方法是 **Add 方法**。

圖 6-8

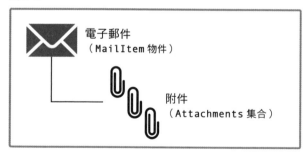

在 olMail.Attachments.Add ThisWorkbook.Path & "\gazou.png" 及 Add 方法的參數可以設定附件的路徑。

這樣就完成輸入電子郵件資料的步驟了。可是這樣只不過是輸入了電子郵件資料，無法傳送電子郵件內容。接下來要說明預覽 / 儲存草稿 / 傳送電子郵件的程式。

預覽 / 儲存草稿 / 傳送電子郵件

以下從程式 6-2 節錄出把電子郵件儲存為草稿、顯示預覽、傳送電子郵件的部分。

```
' 傳送電子郵件
'olMail.Save      ' 儲存草稿
olMail.Display    ' 顯示預覽
'olMail.Send      ' 傳送
```

利用各個 MailItem 物件的方法，可以儲存草稿、顯示預覽、傳送電子郵件（表 6-4）。

程式 6-2 只執行「olMail.Display ' 顯示預覽」，其他已經**註解掉**。前面說明過，為了避免不小心傳送出電子郵件，所以把 Send 方法註解掉。當你想傳送電子郵件時，只要解除即可。解除 Save 方法的註解掉，可以把電子郵件儲存在草稿資料夾。

表 6-4

方法	說明
Save	完成的電子郵件不傳送，直接儲存在「草稿」資料夾。只執行 Save 方法，不會顯示電子郵件預覽
Display	開啟新增郵件視窗，預覽電子郵件
Send	傳送電子郵件，只執行 Send 方法，不顯示預覽

使用 Outlook 統一傳送電子郵件

使用 Outlook 一次傳送多封電子郵件

接著要說明一次傳送多封電子郵件的方法（圖6-9）。

圖6-9

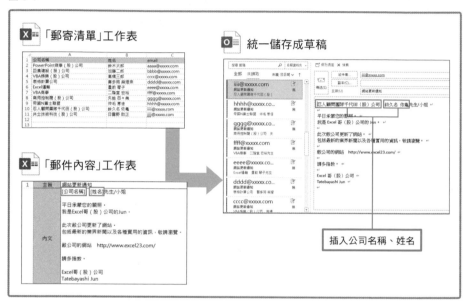

這裡準備了以下內容當作原始資料。

> ☒ 含郵寄清單的工作表
>
> ☒ 含輸入主旨及郵件內容範本的工作表

在郵件內容的範本中，包含了「公司名稱」及「姓名」，這次建立了從郵寄清單的工作表自動插入公司名稱及姓名的巨集（程式6-3）。

程式 6-3：〔FILE：6-3.xlsm〕

```vba
1   ' 一次建立多封電子郵件
2   Sub SendMultiMail()
3       ' 瀏覽 Outlook 應用程式
4       Dim olApp As Outlook.Application
5       Set olApp = New Outlook.Application
6
7       ' 取得郵寄清單的最後一列
8       Worksheets(" 郵寄清單 ").Activate
9       Dim maxRow As Long
10      maxRow = Cells(Rows.Count, 1).End(xlUp).Row
11
12      ' 反覆執行直到郵件清單的最後一列
13      Dim i As Long
14      For i = 2 To maxRow
15          ' 建立 MailItem 物件
16          Dim olMail As Outlook.MailItem
17          Set olMail = olApp.CreateItem(olMailItem)
18
19          ' 輸入電子郵件內容
20          With olMail
21              ' 收件者
22              .To = Cells(i, 3).Value
23              ' 主旨
24              .Subject = Worksheets(" 郵件內容 ").Range("B1").Value
25              ' 內容
26              Dim str As String
27              str = Worksheets(" 郵件內容 ").Range("B2").Value
28              str = Replace(str, "[ 公司名稱 ]", Cells(i, 1).Value)
29              str = Replace(str, "[ 姓名 ]", Cells(i, 2).Value)
30              .Body = str
31              ' 郵件格式
32              .BodyFormat = olFormatPlain
33          End With
34
```

❶ 取得最後一列（郵寄清單）

❸ 輸入電子郵件內容（依每個收件者改變值）

❷ 反覆執行（直到郵件清單的最後一列）

接下頁

```
35        '傳送電子郵件
36        olMail.Save        '儲存草稿
37        'olMail.Display    '顯示預覽          ❹ 傳送電子郵件（或預覽、儲存草稿）
38        'olMail.Send       '傳送
39
40        '刪除 MailItem 物件變數參照
41        Set olMail = Nothing
42      Next i
43
44      '刪除 Outlook.Application 物件變數參照
45      Set olApp = Nothing
46    End Sub
```

圖 6-10：程式 6-3 的結果

程式 6-3 大致的流程如下所示，以下將分別說明各個部分的程
式碼。

❶ 取得最後一列（郵寄清單）

❷ 反覆執行（直到郵件清單的最後一列）

❸ 輸入電子郵件內容（依每個收件者改變值）

❹ 傳送電子郵件（或預覽、儲存草稿）

補充說明

其實程式 6-3 的結果並不是傳送電子郵件，而是把郵件儲存在草稿資料夾。這是因為我在程式 6-3 將「'olMail.Send　　' 傳送」註解掉，以免不小心大量傳送郵件。

取得最後一列並從第 2 列到最後一列反覆執行

在「郵寄清單」工作表中，第 2 列到第 11 列輸入了收件者的「公司名稱」、「姓名」、「電子郵件」，我們必須由上往下依序建立要給收件者的郵件。因此在程式 6-3 輸入取得資料的最後一列，用 **For 陳述式**從第 2 列開始反覆執行到最後一列的程式碼。

```
' 取得郵寄清單的最後一列
Worksheets(" 郵寄清單 ").Activate
Dim maxRow As Long
maxRow = Cells(Rows.Count, 1).End(xlUp).Row

' 反覆執行直到郵件清單的最後一列
Dim i As Long
For i = 2 To maxRow

    （處理內容）

Next i
```

輸入電子郵件內容（依每個收件者改變值）

以下是依照收件者改變值並建立電子郵件的程式碼。

```
' 輸入電子郵件內容
With olMail
    ' 收件者
    .To = Cells(i, 3).Value
```

```
' 主旨
.Subject = Worksheets(" 郵件內容 ").Range("B1").Value
' 內容
Dim str As String
str = Worksheets(" 郵件內容 ").Range("B2").Value
str = Replace(str, "[ 公司名稱 ]", Cells(i, 1).Value)
str = Replace(str, "[ 姓名 ]", Cells(i, 2).Value)
' 郵件格式
.BodyFormat = olFormatPlain
End With
```

上述程式碼是從 Excel 各工作表取得建立郵件所需的值，並
儲存在 MailItem 物件的各個屬性內。以下將利用圖 6-11 來
說明。

圖 6-11

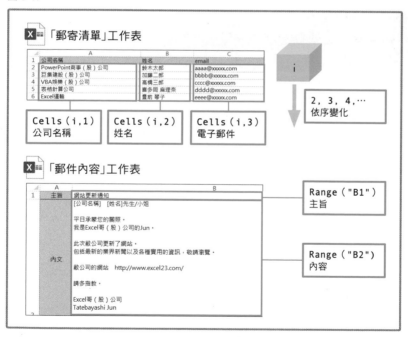

表 6-6 整理了 MailItem 物件的各個屬性以及在 Excel 上取得資料的位置關係。

表 6-6

屬性	屬性說明	在 Excel 取得資料的位置
To	收件者的電子郵件	「郵寄清單」工作表的 Cells（i,3）
Subject	主旨	「郵件內容」工作表的 Range（"B1"）
Body	內容	「郵件內容」工作表的 Range（"B2"） ※ 更換內容中的「公司名稱」、「姓名」等資料

儲存在 **Body 屬性**的郵件內容會取代「公司名稱」及「姓名」字串，插入不同資料，這個部分的程式碼如下所示。

```
' 內容
Dim str As String
str = Worksheets(" 郵件內容 ").Range("B2").Value
str = Replace(str, "[ 公司名稱 ]", Cells(i, 1).Value)
str = Replace(str, "[ 姓名 ]", Cells(i, 2).Value)
```

上述 str = Worksheets(" 郵件內容 ").Range("B2"). Value 是在 String 型的變數「str」儲存郵件內容的字串。此外，屬於內容部分的「公司名稱」及「姓名」字串可以利用 Replace 函數取代。

```
Replace( 原始字串 , 搜尋字串 , 取代字串 )
```

如上所示，**Replace 函數**設定了三個參數，從原始字串中找到搜尋字串，然後替換成取代字串。因此在

```
Replace(str, "[ 公司名稱 ]", Cells(i, 1).Value)
```

會把在變數 str 中的「公司名稱」字串取代成位於 Cells(i, 1) 的字串。例如，工作表的 Cells(i, 1) 輸入了「Excel 運輸（股）公司」時，郵件內容會取代成「Excel 運輸（股）公司」。

```
Replace(str, "[姓名]", Cells(i, 2).Value)
```

是把變數 str 中的「姓名」字串取代成 Cells(i, 2) 內的姓名。例如，在工作表的 Cells(i, 2) 輸入了「佐藤太郎」時，郵件內容就會取代成「佐藤太郎」。

傳送電子郵件（或預覽、儲存草稿）

最後傳送電子郵件、顯示預覽、儲存草稿的程式碼如下所示。

```
' 傳送電子郵件
olMail.Save        ' 儲存草稿
'olMail.Display    ' 顯示預覽
'olMail.Send       ' 傳送
```

程式 6-3 只把儲存草稿的 olMail.Display 設定為有效，其餘程式皆已註解掉。原因有兩個，一個是前面說明過，為了避免不小心傳送電子郵件，而將 **Send 方法**（傳送電子郵件的方法）註解掉。還有一個是執行 **Display 方法**（預覽電子郵件）後，會依照傳送電子郵件的數量顯示新增電子郵件視窗，為了避免這一點，所以也先註解掉。

比方說統一製作了 10 封電子郵件時，執行 Display 方法，就會同時顯示 10 個新增電子郵件視窗，不適合用在建立多封電子郵件的巨集。

因此建議先利用 Save 方法，暫時把電子郵件儲存在草稿資料夾內。

\ 開始練習！/

在 Excel 從 Outlook 取得電子郵件的方法（一封）

在 Excel 從 Outlook 取得電子郵件

接著要說明在 Excel 從 Outlook 取得電子郵件的方法。

首先要說明取得一封電子郵件的方法。

關於一次取得多封電子郵件的方法將在下一節說明。

■

程式 6-4 是從 Outlook 的「收件匣」及其下層的「子資料夾」取得電子郵件的程式。

此外，必須先在 Outlook 的收件匣下方建立名為「子資料夾1」的子資料夾（圖 6-12）。

圖 6-12

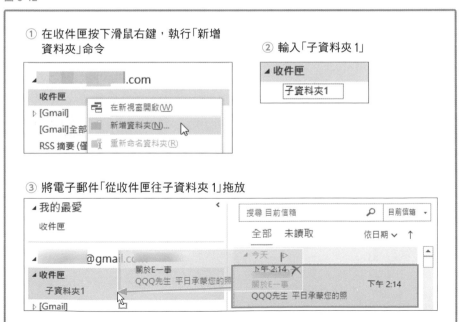

程式 6-4：〔FILE：**6-4.xlsm**〕

```vba
' 取得收到的電子郵件訊息
Sub GetMail()

    ' 瀏覽 Outlook 應用程式
    Dim olApp As Outlook.Application
    Set olApp = New Outlook.Application

    ' 取得 NameSpace 物件
    Dim myNamespace As Outlook.Namespace
    Set myNamespace = olApp.GetNamespace("MAPI")

    ' 取得收件匣（Folder 物件）
    Dim myInbox As folder
    Set myInbox = myNamespace.GetDefaultFolder(olFolderInbox)

    ' 輸出收件匣的第一封郵件
    MsgBox myInbox.Items(1).Body

    ' 取得子資料夾
    Dim subFolder As folder
    Set subFolder = myInbox.Folders(" 子資料夾 1")

    ' 輸出子資料夾的第一封郵件
    MsgBox subFolder.Items(1).Body

    ' 刪除物件變數參照
    Set myNamespace = Nothing
    Set myInbox = Nothing
    Set subFolder = Nothing
    Set olApp = Nothing

End Sub
```

❶ 瀏覽 Outlook 應用程式，取得 NameSpace 物件

❷ 取得收件匣，輸出收件匣最新的第一封郵件

❸ 取得子資料夾，輸出子資料夾最新的第一封郵件

❹ 刪除物件變數參照

圖 6-13：程式 6-4 的結果

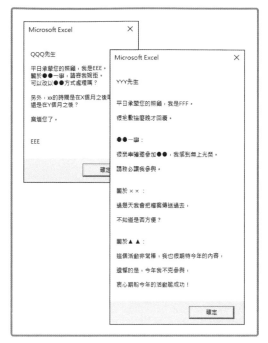

程式 6-4 的流程如下所示，以下將分別說明每個部分的程式碼。

① 瀏覽 Outlook 應用程式，取得 NameSpace 物件

② 取得收件匣，輸出收件匣最新的第一封郵件

③ 取得子資料夾，輸出子資料夾最新的第一封郵件

④ 刪除物件變數參照

瀏覽 Outlook 應用程式，取得 NameSpace 物件

程式 6-4 的目的是取得收件匣或子資料夾內的電子郵件資料，可是要取得 Outlook 內的電子郵件資料，必須先取得「NameSpace 物件」，請見圖 6-14 的説明。

圖 6-14

Application 物件
（Outlook 應用程式）

使用 GetNameSpace 方法取得

NameSpace 物件
與帳戶有關的各種資料
（郵件資料夾、行事曆、連絡人等）

NameSpace 物件是用來儲存與郵件帳戶有關的各種資料（郵件資料夾、行事曆、連絡人）。取得電子郵件相關資料之前，必須取得 NameSpace 物件，以下節錄了相關的處理程式碼。

```
' 瀏覽 Outlook 應用程式
Dim olApp As Outlook.Application
Set olApp = New Outlook.Application

' 取得 NameSpace 物件
Dim myNamespace As Outlook.Namespace
Set myNamespace = olApp.GetNamespace("MAPI")
```

利用 Dim myNamespace As Outlook.Namespace 宣告儲存 NameSpace 物件的變數「myNamespace」。此外，在 olApp.GetNamespace("MAPI") 使用 GetNamespace 方法，可以取得 NameSpace 物件。這裡傳遞了參數 "MAPI"，不過目前只能使用 "MAPI" 這一種參數（MAPI 是「Messeging Application Programming Interface 的縮寫，是 Microsoft 公司用來決定收送訊息的應用程式規格架構）。目前你只要記住利用「GetNamespace("MAPI")」可以取得 NameSpace 物件即可。

取得收件匣，輸出收件匣最新的第一封郵件

這個巨集的目的是取得在收件匣或子資料夾內的電子郵件資料，但是要取得電子郵件資料，必須先取得儲存該電子郵件的資料夾。「收件匣」是儲存電子郵件最上層的資料夾，以下是節錄自程式 6-4，關於取得收件匣的程式碼。

```
' 取得收件匣（Folder 物件）
Dim myInbox As Folder
Set myInbox = myNamespace.GetDefaultFolder(olFolderInbox)

' 輸出收件匣的第一封郵件
MsgBox myInbox.Items(1).Body
```

圖 6-15

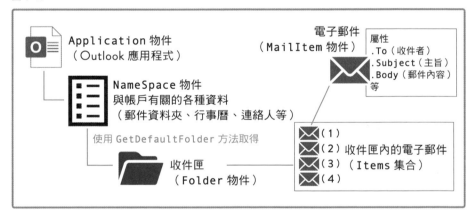

以下將搭配圖 6-15 來說明。Outlook 把資料夾當作「**Folder 物件**」處理，因此先宣告儲存 Folder 物件的變數，然後在該處儲存收件匣。宣告在 Dim myInbox As Folder 儲存 Folder 物件的變數「myInbox」。

此外，在 myNamespace.GetDefaultFolder(olFolder Inbox)，GetDefaultFolder 方法會傳回 Outlook 現有的資料夾（亦即收件匣）。GetDefaultFolder 方法可以根據參數傳回各種資料夾。這裡在參數設定 olFolderInbox，傳回收件匣（如果是 olFolderDrafts，會傳回草稿資料夾，若是 olFolderContacts，則傳回連絡人資料夾，olFolderCalendar 是傳回行事曆資料夾）。這些資料夾儲存在變數 myInbox 內。

■

接著是取得電子郵件本身的程式碼。利用 Folder 物件的 **Items 集合**可以設定在資料夾內的電子郵件。如圖 6-15 所示，利用從 1 開始的索引編號能設定 Folder 物件以下的電子郵件，例如：「Items(1),Items(2),Items(3)…」，這裡取得的是 MailItem 物件，亦即電子郵件本身。P.127 說明過，MailItem 物件可以利用各種屬性儲存電子郵件的資料。在程式碼 myInbox.Items(1).Body 取得收件匣的第一封電子郵件，然後設定 MailItem 物件的 Body 屬性，取得電子郵件的內容。

<aside>
嚴格來說，Items 集合的索引編號雖然是「1」，但是收件日卻不見得是最新的。後面會再說明依照日期新舊排序的方法。
</aside>

■

如此一來，就能從收件匣取得最新一封電子郵件的資料了。

取得子資料夾，輸出子資料夾最新的第一封郵件

接著要說明從收件匣下層的子資料夾取得電子郵件的方法。這裡從程式 6-4 節錄出取得收件匣下方「子資料夾 1」的程式碼。

```
' 取得子資料夾
Dim subFolder As Folder
Set subFolder = myInbox.Folders("子資料夾 1")

' 輸出子資料夾的第一封郵件
MsgBox subFolder.Items(1).Body
```

圖 6-16

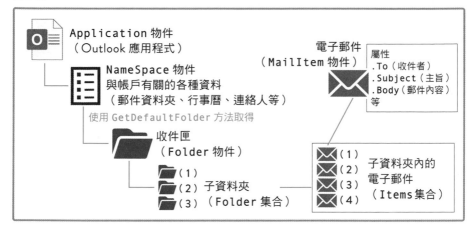

以下將搭配圖 6-16 一起說明。在 Outlook 中，子資料夾和收件匣一樣都是一種 Folder 物件。

如果要設定某個資料夾下層的子資料夾，必須利用上層資料夾的 Folders 集合進行設定。利用 Folders 集合設定特定資料夾的方法包括

> ◪ **使用索引編號設定，**
>   如 myInbox.Folders(1)、myInbox.Folders(2)、⋯
>
> ◪ **使用資料夾名稱設定，**
>   如 myInbox.Folders(" 子資料夾 1")⋯

在這個程式範例中，將資料夾名稱設定為 myInbox.Folders(" 子資料夾 1")，從變數 subFolder 取得資料夾。

之後和收件匣時一樣，利用 subFolder.Items(1).Body，取得電子郵件的內容。

刪除物件變數參照

到目前為止，已經從特定資料夾內取得最新一封電子郵件的資料。

最後刪除各個物件變數的參照狀態，儲存 Nothing 的程式碼如下所示。

```
' 刪除物件變數參照
Set myNamespace = Nothing
Set myInbox = Nothing
Set subFolder = Nothing
Set olApp = Nothing
```

這裡使用了四種物件變數儲存 Outlook 的參照，所以分別儲存為 Nothing。

\ 開始練習！/
從 Outlook 取得多封電子郵件至 Excel

從 Outlook 取得多封電子郵件

上一節說明了在 Excel 取得一封電子郵件的方法，接下來將說明取得多封電子郵件的方法。

程式 6-5 是從收件匣取得最新的 10 封電子郵件，並取得「收信日期與時間」、「寄件者」、「寄件者 email」、「主旨」、「郵件內容」的巨集。

程式 6-5：〔FILE：6-5.xlsm〕

```
1   ' 取得多封電子郵件的資料
2   Sub GetMultiMail()
3
4       ' 瀏覽 Outlook 應用程式
5       Dim olApp As Outlook.Application
6       Set olApp = New Outlook.Application
7
8       ' 取得 NameSpace 物件
```

❶ 瀏覽 Outlook 應用程式，取得 NameSpace 物件

148

```vba
 9   Dim myNamespace As Outlook.Namespace
10   Set myNamespace = olApp.GetNamespace("MAPI")
11
12   ' 取得收件匣物件（Folder 物件）
13   Dim myInbox As folder
14   Set myInbox = myNamespace.GetDefaultFolder(olFolderInbox)
15
16   ' 依收信日期與時間降冪排列
17   Dim myItems As Outlook.Items
18   Set myItems = myInbox.Items
19   myItems.Sort "ReceivedTime", Descending:=True
20
21   ' 取得最新的前 10 封郵件
22   Dim i As Long
23   For i = 1 To 10
24       ' 收信的日期與時間
25       Cells(i + 1, 1).Value = myItems(i).ReceivedTime
26       ' 寄件者
27       Cells(i + 1, 2).Value = myItems(i).SenderName
28       ' 寄件者 email
29       Cells(i + 1, 3).Value = myItems(i).SenderEmailAddress
30       ' 主旨
31       Cells(i + 1, 4).Value = myItems(i).Subject
32       ' 郵件內容的前 20 個字
33       Cells(i + 1, 5).Value = Left(myItems(i).Body, 20)
34       ' 取消底下這行程式的註解，可以取得完整的郵件內容
35       'Cells(i + 1, 5).Value = myInbox.Items(i).Body
36   Next i
37
38   ' 刪除物件變數參照
39   Set myNamespace = Nothing
40   Set myInbox = Nothing
41   Set olApp = Nothing
42
43   End Sub
```

❷取得收件匣物件，依收信日期與時間降冪排列

❸從最新的前 10 封電子郵件取得資料

❹刪除物件變數參照

圖 6-17：程式 6-5 的結果

	A	B	C	D	E
1	收件日期與時間	寄件者	寄件者email	主旨	郵件內容（節錄）
2	2021/3/13 23:28	Excel哥（たてばやし淳）	excel23@excel23.com	關於E一事	QQQ先生 平日承蒙您的照顧。
3	2021/3/13 23:27	Excel哥（たてばやし淳）	excel23@excel23.com	關於A一事	●●先生 平日承蒙您的照顧。
4	2021/3/13 23:26	Excel哥（たてばやし淳）	excel23@excel23.com	關於H一事	YYY 平日承蒙您的照顧。
5	2021/3/13 23:26	Excel哥（たてばやし淳）	excel23@excel23.com	關於I一事	ZZZ先生 平日承蒙您的照顧。
6	2021/3/13 23:25	Excel哥（たてばやし淳）	excel23@excel23.com	關於B一事	XX先生 平日承蒙您的照顧。
7	2021/3/13 23:24	Excel哥（たてばやし淳）	excel23@excel23.com	關於G一事	XX先生 平日承蒙您的照顧。

如上所示，我們可以取得多封電子郵件的資料，儲存成 Excel 的清單（圖 6-17）。

程式 6-5 的流程如下所示。

---

① 瀏覽 Outlook 應用程式，取得 NameSpace 物件

② 取得收件匣物件，依收信日期與時間降冪排列

③ 從最新的前 10 封電子郵件取得資料

④ 刪除物件變數參照

以下要解說 ② 與 ③。

取得收件匣物件，依收信日期與時間降冪排列

以下是節錄自程式 6-5，取得收件匣，依照新舊順序排序電子郵件的程式碼。

```
' 取得收件匣物件（Folder 物件）
Dim myInbox As folder
Set myInbox = myNamespace.GetDefaultFolder(olFolderInbox)
```

```
' 依收信日期與時間降冪排列
Dim myItems As Outlook.Items
Set myItems = myInbox.Items
myItems.Sort "ReceivedTime", Descending:=True
```

「**在 Excel 從 Outlook 取得電子郵件的方法（一封）**」說明
過，如果要取得電子郵件，必須先取得包含該電子郵件的資料
夾（Folder 物件）。因此在

```
Dim myInbox As folder
Set myInbox = myNamespace.GetDefaultFolder(olFolderInbox)
```

宣告儲存 Folder 物件的變數「myInbox」。在第二行利用
GetDefaultFolder 函數，取得「收件匣」資料夾，儲存在
變數 myInbox 內。

詳細說明請參考「在 Excel 從 Outlook 取得電子郵件的方法（一封）」（P.141）。

```
' 依收信日期與時間降冪排列
Dim myItems As Outlook.Items
Set myItems = myInbox.Items
myItems.Sort "ReceivedTime", Descending:=True
```

上述程式碼會依照收信日期與時間降冪排序（亦即日期的新舊
順序）資料夾內的電子郵件。

可能有人會覺得奇怪「為什麼需要排序處理？」或認
為「儲存在資料夾內的電子郵件可以用 Items 集合的
Items(1),Items(2),Items(3)…，既然如此，就不要排
序，只要從 Items(1) 開始，依序取得資料，就會按照日期
降冪排序了吧？」以下將使用圖 6-18 說明必須排序的理由。

圖 6-18

如 上 所 示 , 利 用 索 引 編 號 「Items(1),Items(2),
Items(3)…」可以設定資料夾內的電子郵件,即便依升冪順
序載入這些索引編號,收信日期與時間仍可能不固定。如果
要依照收信日期與時間來取得電子郵件,必須按照降冪排列
Items 集合。

因此要執行圖 6-19 的處理,排列 Items 集合。

圖 6-19

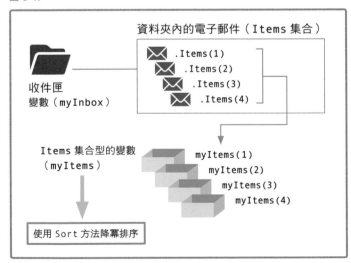

首先要宣告儲存 Items 集合的物件變數「myItems」。接著在

```
Set myItems = myInbox.Items
```

將所有收信匣的 Items 集合儲存在變數 myItems 內。最後在

```
myItems.Sort "ReceivedTime", Descending:=True
```

利用 Items 集合的 **Sort 方法**進行降冪排序。Items 集合的 Sort
方法可以排序電子郵件。

使用 Sort 方法可以設定的選項如下所示。

Sort Property,[Descending] ※[] 代表可以省略	
Property	這是成為排序基準的屬性名稱。排序電子郵件時，可以設定 MailItem 物件的屬性名稱。例如，想依照收信日期與時間排序時，可以設定 "ReceivedTime"。還能設定其他屬性，但是一般是設定為 "ReceivedTime"。
[Descending]	使用 True 或 False 設定是否按照降冪排序。True 是依照降冪排序，False 是依照升冪排序。這個選項可以省略，如果省略，會設定為 False（亦即升冪排序）。

這樣就可以依照日期時間排序儲存在 myItems 變數內的電子郵件。

從最新的前 10 封電子郵件取得資料

接著要說明取得最新 10 封電子郵件的程式碼。以下是節錄自
程式 6-5 的部分。

這裡只擷取前 20 個字
而非全部的「內容」。

```
' 取得最新的前 10 封郵件
Dim i As Long
For i = 1 To 10
    ' 收信日期與時間
```

```
    Cells(i + 1, 1).Value = myItems(i).ReceivedTime
    ' 寄件者
    Cells(i + 1, 2).Value = myItems(i).SenderName
    ' 寄件者 email
    Cells(i + 1, 3).Value = myItems(i).SenderEmailAddress
    ' 主旨
    Cells(i + 1, 4).Value = myItems(i).Subject
    ' 郵件內容的前 20 個字
    Cells(i + 1, 5).Value = Left(myItems(i).Body, 20)
    ' 取消底下這行程式的註解，可以取得完整的郵件內容
    'Cells(i + 1, 5).Value = myInbox.Items(i).Body
Next i
```

上述利用 For 陳述式，重複執行，讓變數 i 從 1 開始增加到 10。

假如想處理更多電子郵件，而非只有 10 封時，請將最大值「10」取代成要處理的數值。

```
For i = 1 To 10

    '（ 處理內容 ）

Next i
```

此外，在迴圈內執行的處理包括逐一查詢每封電子郵件，取得「收信日期與時間」、「寄件者」、「寄件者 email」、「主旨」、「郵件內容」，並儲存在儲存格內。

```
' 收信日期與時間
Cells(i + 1, 1).Value = myItems(i).ReceivedTime
' 寄件者
Cells(i + 1, 2).Value = myItems(i).SenderName
' 寄件者 email
Cells(i + 1, 3).Value = myItems(i).SenderEmailAddress
' 主旨
Cells(i + 1, 4).Value = myItems(i).Subject
' 郵件內容的前 20 個字
```

```
Cells(i + 1, 5).Value = Left(myItems(i).Body, 20)
' 取消底下這行程式的註解，可以取得完整的郵件內容
'Cells(i + 1, 5).Value = myInbox.Items(i).Body
```

上述程式分別參照儲存在變數 myItems 的電子郵件
（MailItems 物件）屬性，並輸入儲存格內。

這些是設定 MailItem 物件的屬性。

表 6-7

屬性	說明	儲存值範例
ReceivedTime	收信日期與時間	2019/11/1　13:29:01
SenderName	寄件者	Excel 哥（たてばやし淳）
SenderEmailAddress	寄件者 email	excel23@excel23.com
Subject	主旨	關於 E 的問題
Body	郵件內容	QQQ 平日承蒙您的關照 ...

那麼如何在逐一設定電子郵件的同時轉傳到儲存格內？以下將
使用圖 6-20 來說明。

圖 6-20

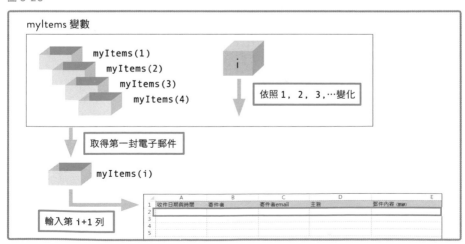

變數 i 將依照迴圈的次數增加「1,2,3…」，因此會按照「Items(1),Items(2),Items(3)…」的順序，設定儲存在 Items 集合的電子郵件，同時參照屬性，在程式碼內輸入 myItems(i)。

另外，必須依照「工作表的第二列、第三列、第四列…」的順序設定成為輸入對象的儲存格。因此，程式碼會設定為 Cells(i+1,欄位編號)。

取得電子郵件內容的程式是

```
' 郵件內容的前 20 個字
Cells(i + 1, 5).Value = Left(myItems(i).Body, 20)
' 取消底下這行程式的註解，可以取得完整的郵件內容
'Cells(i + 1, 5).Value = myInbox.Items(i).Body
```

若要取得全部的內容，字數會太多，所以使用 Left 函數，只擷取開頭 20 個字。假如想取得全文，請把以下程式

```
'Cells(i + 1, 5).Value = myInbox.Items(i).Body
```

的註解符號（'）刪除，取消註解，同時把上面使用了 Left 函數的程式註解掉。

■

以上說明了在 Excel 從 Outlook 取得多封電子郵件的方法。

在 Excel 載入電子郵件，就能利用 Excel 的各種資料分析功能分析電子郵件，請務必善加運用。

第7章

結合外部應用程式
擴大運用範圍（3）
Internet Explorer 篇

在 Excel 操作 Internet Explorer，可以自動將網頁資料收集到 Excel 或自動操作網頁！

本章要說明使用 Excel VBA 操作 Internet Explorer（以下簡稱為「IE」）的方法。利用巨集操作 IE 可以從網頁取得資料，自動執行網頁操作。

< IE 是網際網路瀏覽器。

你是否碰過以下狀況？

【狀況1】

想逐一查詢網頁上的商品或物件等內容，整理成 Excel 的清單，可是要一個一個拷貝＆貼上實在很麻煩…。

【狀況2】

要在網站上的表單依序輸入字串，可是每次都要手動操作很麻煩…。

使用 Excel VBA 操作 IE 可以解決上述煩惱。

補充說明

IE 是一直以來內建在 Windows 的瀏覽器，可是現在已經非主流瀏覽器，也無法確定未來能持續存在多久。可是就算想操作 Edge 或 Chrome 等比較流行的瀏覽器，VBA 卻沒有可以操作這些瀏覽器的程式庫。不過你可以安裝「Selenium Basic」等第三方程式庫，在 VBA 內使用這個程式庫，當作替代方案。

【狀況1】逐一查詢網頁上的商品或物件等內容，整理成 Excel 的清單（網頁抓取）

在 Excel VBA 操作 IE，可以從網頁的商品網頁、搜尋結果網頁、排名網頁等取得「商品名稱」、「價格」、「規格」等資料。

從網頁上取得資料稱作「**抓取（Scraping）**」，操作 IE 就能輕易抓取網頁內容。此外，把擷取的資料整理成 Excel 的清單，就能運用 Excel 擅長的統計分析功能或用圖表進行資料視覺化。

圖 7-1 是從房地產網站（https:// vbaweb.neocities.org/）的物件清單網頁中，擷取資料到 Excel 的範例。

圖 7-1

【狀況2】在網站上的表單自動輸入字串並自動執行傳送鈕

網站包含登入表單（輸入使用者名稱、密碼的表單）、搜尋表單（輸入搜尋關鍵字的表單）等各種**表單**。使用 VBA 操作 IE，可以自動插入字串，連執行傳送按鈕都能自動化。

圖 7-2 是在網站上的書籍搜尋表單中，執行自動搜尋的範例。
利用 Excel VBA 操作 IE 就能像以上這樣，執行以下處理。

> ☑ Web ➡ Excel 抓取（Scraping）資料至 Excel
> ☑ 自動執行網頁上的操作
> 　（Excel ➡ 也可以在網頁表單輸入字串）

這裡的操作是以電腦
已經安裝了 IE 為前
提。假如你的電腦沒
有安裝 IE，將無法
執行，敬請見諒。

圖 7-2

接下來要用 Excel 操作 IE，因此先執行「Microsoft Internet
Controls」物件程式庫的引用設定項目（圖 7-3）。

> ① 在 Excel VBE 執行「工具」→「設定引用項目」命令
> ② 勾選「Microsoft Internet Controls」，按下「確定」鈕

圖 7-3

\ 開始練習！ /

啟動 IE 開啟特定網頁

啟動 IE 應用程式

程式 7-1 可以啟動 IE 應用程式，開啟特定的網站（https://vbaweb.neocities.org/ ）（圖 7-4）。

程式 7-1： [FILE：7-1.xlsm]

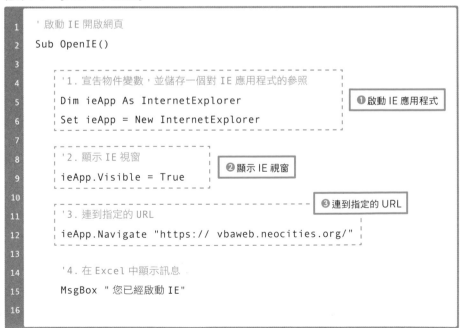

```
1   ' 啟動 IE 開啟網頁
2   Sub OpenIE()
3
4       '1. 宣告物件變數，並儲存一個對 IE 應用程式的參照        ❶啟動 IE 應用程式
5       Dim ieApp As InternetExplorer
6       Set ieApp = New InternetExplorer
7
8       '2. 顯示 IE 視窗        ❷顯示 IE 視窗
9       ieApp.Visible = True
10                                              ❸連到指定的 URL
11      '3. 連到指定的 URL
12      ieApp.Navigate "https:// vbaweb.neocities.org/"
13
14      '4. 在 Excel 中顯示訊息
15      MsgBox " 您已經啟動 IE"
16
```

接下頁

```
17        '5. 退出 IE，刪除物件變數的參照
18        ieApp.Quit
19        Set ieApp = Nothing
20                                                    ❹ 退出 IE 應用程式
21    End Sub
```

圖 7-4：程式 7-1 的結果

上述結果執行了以下操作。

❶ 啟動 IE 應用程式

❷ 顯示 IE 視窗

❸ 連到指定的 URL（https://vbaweb.neocities.org/）

❹ 退出 IE 應用程式

如何啟動 IE 應用程式？

以下將依序說明程式 7-1。

首先從程式 7-1 節錄啟動 IE 的程式碼。

162

```
'1. 宣告物件變數，並儲存一個對 IE 應用程式的參照
Dim ieApp As InternetExplorer
Set ieApp = New InternetExplorer
```

上述程式碼是為了操作 IE 應用程式，而把參照儲存在**物件變數**裡，請見以下的概念圖（圖 7-5）。

第 5 章已經說明過在物件變數儲存應用程式，這裡省略。

圖 7-5

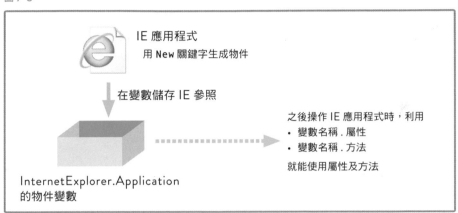

利用 Dim ieApp As InternetExplorer 宣告 InternetExplorer.Application 型的物件變數「ieApp」。此外，在 Set ieApp = New InternetExplorer 利用 New 關鍵字，生成 IE 應用程式的物件，並儲存在變數 ieApp 內。在物件變數儲存 IE 參照，之後只要利用以下描述，就能使用屬性及方法。

```
變數名稱 . 屬性
變數名稱 . 方法
```

顯示 IE 視窗

以下程式碼是在畫面上顯示啟動後的 IE 視窗。

```
'2. 顯示 IE 視窗
ieApp.Visible = True
```

執行上述程式，顯示 IE 視窗。

Visible 屬性是用來切換顯示 / 隱藏 IE 視窗的屬性。True 是顯示，False 是不顯示，預設為 False。

連到指定的 URL

接著連到指定 URL（https://vbaweb.neocities.org/）的程式碼如下所示。

```
'3. 連到指定的 URL
ieApp.Navigate "https:// vbaweb.neocities.org/"
```

執行上述程式，IE 會連到指定的 URL（https://vbaweb. neocities.org/）範例網站。

Navigate 方法可以讓 IE 連到指定的 URL。

【Navigate方法】

語法：

　　IE 物件 .Navigate URLString

參數：

　　URLString：可以用字串設定想連到的 URL。

在 Excel 顯示訊息

這是利用 **MsgBox 函數**在 Excel 上顯示訊息的程式碼。

```
'4. 在 Excel 中顯示訊息
MsgBox " 您已經啟動 IE"
```

執行上述程式會在 Excel 顯示訊息方塊，按下「確定」鈕，會執行後續的處理。

退出 IE 應用程式，刪除物件變數參照

最後要說明退出 IE，刪除物件變數參照的程式碼。

以下從程式 7-1 節錄出該部分的程式碼。

```
'5. 退出 IE，刪除物件變數的參照
ieApp.Quit
Set ieApp = Nothing
```

這樣就能結束 IE。

使用 **Quit 方法**可以退出 IE 應用程式。

此外，利用 Set ieApp = Nothing，在使用中的物件變數（ieApp）儲存 Nothing，就能讓物件變數呈現沒有參照的狀態，藉此釋放使用中的記憶體。

以上就是啟動 IE，連到指定 URL 的方法。

＼ 開始練習！ ／

從網站取得資料

如何從網站取得資料？

接著要說明從 IE 顯示的網站取得特定資料的方法。這裡要解說從以下 URL 取得網頁標題及內容文字並輸出的巨集（程式 7-2）。

事前準備

先執行「**Microsoft HTML Object Library**」物件程式庫的參照設定。這個程式庫可以很方便地從網頁的設計藍圖 HTML（後面再說明）取得資料。

＜ 以下操作請在 Excel 的 VBE 執行。

1. 在 Excael VBE 執行「工具」→「設定引用項目」命令
2. 勾選「Microsoft HTML Object Library」，按下「確定」鈕

圖 7-6

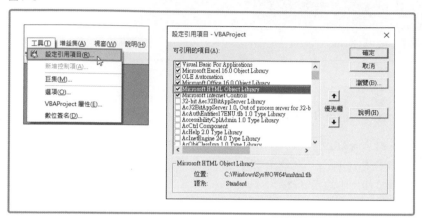

程式 7-2：〔FILE：**7-2.xlsm**〕

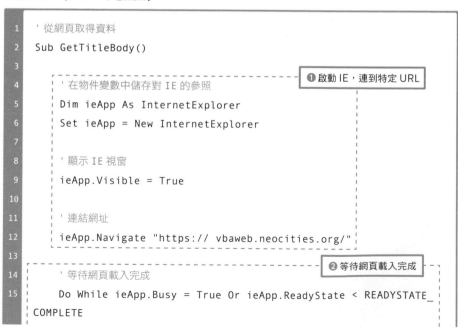

```vba
1   ' 從網頁取得資料
2   Sub GetTitleBody()
3
4       ' 在物件變數中儲存對 IE 的參照                    ❶ 啟動 IE，連到特定 URL
5       Dim ieApp As InternetExplorer
6       Set ieApp = New InternetExplorer
7
8       ' 顯示 IE 視窗
9       ieApp.Visible = True
10
11      ' 連結網址
12      ieApp.Navigate "https:// vbaweb.neocities.org/"
13                                                    ❷ 等待網頁載入完成
14      ' 等待網頁載入完成
15      Do While ieApp.Busy = True Or ieApp.ReadyState < READYSTATE_
    COMPLETE
```

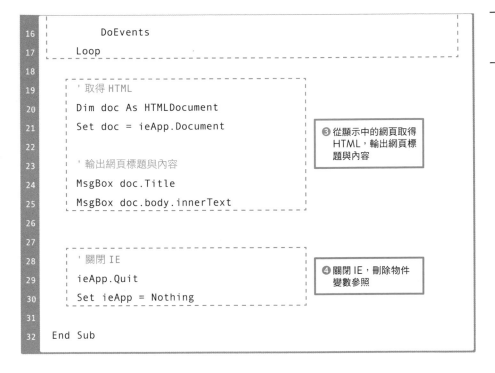

```
16        DoEvents
17      Loop
18
19      ' 取得 HTML
20      Dim doc As HTMLDocument
21      Set doc = ieApp.Document
22
23      ' 輸出網頁標題與內容
24      MsgBox doc.Title
25      MsgBox doc.body.innerText
26
27
28      ' 關閉 IE
29      ieApp.Quit
30      Set ieApp = Nothing
31
32  End Sub
```

❸ 從顯示中的網頁取得 HTML，輸出網頁標題與內容

❹ 關閉 IE，刪除物件變數參照

圖 7-7：程式 7-2 的執行結果

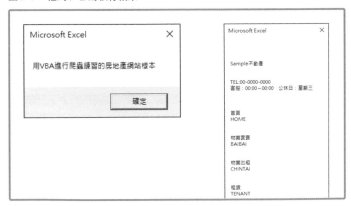

在 Excel 的訊息方塊輸出網頁標題與內容（由於內容的字數較多，只顯示其中一部分）。

程式 7-2 大致分成下一頁的四個處理步驟。上一節已經說明過 ❶ 與 ❹，這裡省略，接下來要解說 ❷ 與 ❸。

① 啟動 IE，連到特定 URL
② 等待網頁載入完成
③ 從顯示中的網頁取得 HTML，輸出網頁標題與內容
③ 關閉 IE，刪除物件變數參照

等待網頁載入完成
（Busy 屬性、ReadyState 屬性）

以下是確認 IE 是否載入網頁的程式碼。

```
' 等待網頁載入完成
Do While ieApp.Busy = True Or ieApp.ReadyState < READYSTATE_COMPLETE
    DoEvents
Loop
```

上面是確認 IE 的 **Busy 屬性**及 **ReadyState 屬性**，等待網頁載入完成的程式碼。這裡突然出現「等待網頁載入完成」概念，究竟是什麼意思？以下將搭配圖 7-8 一起說明。

圖 7-8

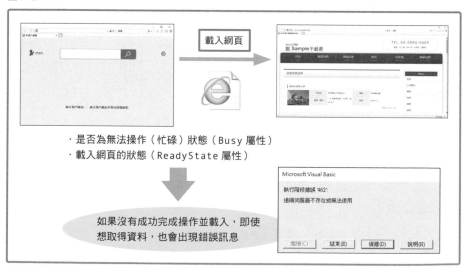

當 IE 載入網頁時，從執行 VBA 程式到 IE 網頁載入完成為
止，有時會有時間差。當 IE 尚未完成網頁載入，而 VBA 執行
接下來的程式（例如：取得網頁資料的處理），就會出現錯誤。

此時，可以確認 IE 是否完成網頁載入的代表屬性有 Busy 屬
性及 ReadyState 屬性。

Busy 屬性

- 用 True/False 的值傳回 IE 是否為忙碌（無法操作）的
  狀態
- 如果是 True，為忙碌狀態；若是 False，則為非忙碌狀
  態
- 換句話說，如果是 True，可以判斷網頁是否載入完成

ReadyState 屬性

- 以 0 ～ 4 的整數傳回 IE 網頁載入狀態的傳回值
- 傳回值如果是 4，代表完成載入所有資料
- 換句話說，傳回值小於 4，可以判斷網頁沒有完成載入
- 使用以下常數也可以設定傳回值（表 7-1）

表 7-1

常數	值	說明
READYSTATE_UNINITIALIZED	0	預設狀態（Default）
READYSTATE_LOADING	1	現在載入中的狀態
READYSTATE_LOADED	2	載入完成但無法操作的狀態
READYSTATE_INTERACTIVE	3	可以操作卻無法使用所有資料的狀態
READYSTATE_COMPLETE	4	完成載入所有資料的狀態

根據上述資料，可以用以下兩個條件判斷 IE 是否完成網頁載入。

> ◪ Busy 屬性為 True
>
> ◪ ReadyState 屬性小於 4

程式 7-2 使用 **Do While 陳述式**，只要滿足上述任何一個條件，迴圈就會繼續下去，等待 IE 載入網頁。以下將搭配圖 7-9 一起說明。

圖 7-9

使用程式寫出上述的 Do While 陳述式，結果為

```
Do While ieApp.Busy = True Or ieApp.ReadyState < READYSTATE_COMPLETE
    處理內容
Loop
```

∎

此外，迴圈內的 DoEvents 是什麼意思呢？這是指使用 DoEvents 函數。**DoEvents 函數**是暫時傳遞控制權給作業系統的函數。「傳遞控制權給作業系統」代表可以執行巨集以外的操作（圖 7-10）。

圖 7-10

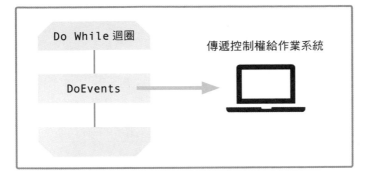

執行巨集時，無法在 Excel 進行滑鼠點擊或鍵盤輸入等操作。尤其執行迴圈等處理時間較長時，必須耐心等待，直到完成為止。插入 DoEvents 函數，可以暫時把控制權傳遞給作業系統，例如：在執行迴圈處理的過程中，按下巨集的中斷按鈕，就可以停止執行巨集。程式 7-2 因為等待 IE 載入網頁完成需要花一點時間，所以插入 DoEvents 函數，把控制權傳遞給作業系統。

這裡說明的「等待網頁載入完成」是 VBA 在操作 IE 時，常用的程式，請先記下來。

取得網頁的 HTML Document 物件

上一節介紹了等待網頁載入完成的程式，接下來要說明從顯示的網頁取得資料的方法。以下是從網頁的 HTML 原始碼取得網頁標題及內容的程式。

```
' 取得 HTMLDocument 物件
Dim doc As HTMLDocument
Set doc = ieApp.Document


' 輸出網頁標題與內容
```

接下頁

```
MsgBox doc.Title
MsgBox doc.body.innerText
```

什麼是 HTML ？以下將使用圖 7-11 簡單說明。

圖 7-11

網站是根據 HTML（Hyper Text Markup Language）語言編
寫的藍圖製作而成，由 IE 等網際網路瀏覽器翻譯之後，顯示
在畫面上。如果要從網站取得資料，基本上得從網站藍圖，亦
即 HTML 取得資料。想從 HTML 取得資料到 VBA，可以使
用取得 HTML Document 物件的方法（圖 7-12）。

圖 7-12

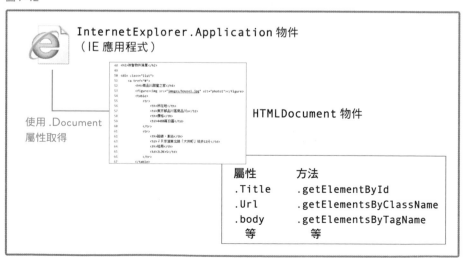

使用 InternetExplorer.Application 物件的 .Document
屬性可以取得 **HTMLDocument 物件**，程式碼如下所示。

＜ 但是必須執行 P.166
說明過的 Microsoft
HTML Library 參照
設定。

```
' 取得 HTML Document 物件
Dim doc As HTMLDocument
Set doc = ieApp.Document
```

宣告 HTMLDocument 物件型的變數「doc」，取得 ieApp.
Document。

如此一來，之後只要在「doc」後面輸入「.」，就會自動顯
示屬性或方法的選項（圖 7-13）。

圖 7-13

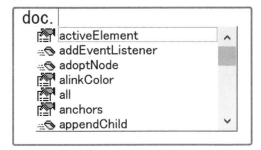

輸出網頁標題及內容

最後從取得的 HTML 輸出網頁標題及內容的程式碼，如下
所示。

```
' 輸出網頁標題與內容
MsgBox doc.Title
MsgBox doc.body.innerText
```

利用上述程式碼可以輸出網站的網頁標題以及網頁內的所有
內容。

表 7-2 整理了每個屬性代表的意思。

表 7-2

程式碼	說明
`doc.Title`	從顯示中的網頁 HTML 取得網頁標題
`doc.body.innerText`	從網頁的 HTML 輸出被 body 元素包圍的所有文字（後面會再說明 body 元素）

後面會再說明 HTML，這裡不再贅述。總之，這樣你應該可以瞭解，利用儲存在變數「doc」的 HTMLDocument，可以輕鬆取得網站的資料。

\ 開始練習！ /

取得網站的資料（使用 DOM）

接下來要使用比上一節更正式的方法來取得網站的資料。以下先說明 DOM（Document Object Model），讓你可以更進一步瞭解 HTML。

HTML 是使用「標籤」呈現網頁

顯示在網站上的文章、影像、版面等，在 HTML 都是使用「**標籤**」字串呈現。例如，比較 HTML 原始碼及實際上瀏覽器的顯示狀態，結果如圖 7-14 所示。

圖 7-14

```
HTML 原始碼
<h1>這是標題1</h1>
<h2>這是標題2</h2>
<h3>這是標題3</h3>
<h4>這是標題4</h4>
```

使用瀏覽器顯示

這是標題1
這是標題2
這是標題3
這是標題4

<h1> 稱作「h1 標籤」，使用開始標籤 <h1> 與結束標籤 </h1> 包圍字串，代表「這個字串是標題 1」，這樣在瀏覽器上，就會顯示成標題字串。

HTML 的標題依照大小順序包括 <h1>、<h2>、<h3>… 等種類，通稱為「h 標籤」。除了 h 標籤之外，還有其他各種標籤。

如上所示，HTML 使用了標籤來呈現網頁。利用 VBA 取得網頁中的資料時，通常也是仰賴標籤來設定、取得資料。

HTML 為階層式結構
（DOM：Document Object Model）

另外一個 HTML 的特色是標籤為階層式結構（樹狀結構）。

圖 7-15

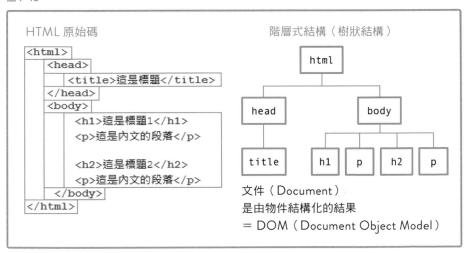

由圖 7-15 左邊可以得知，HTML 原始碼是以開始標籤 <html> ～結束標籤 </html> 包圍整個內容，下面的階層包括 <head> ～ </head>、<body> ～ </body>，再下面一層有 <title> 及 <h1> 等標籤。

HTML 會形成這種由標籤包圍的階層式結構（樹狀結構）。把這種階層式結構顯示成樹狀結構圖，結果如圖 7-15 右邊所示。這種文件（Document）由物件（目標物件）形成的結構稱作「DOM（Document Object Model）」。

使用 VBA 取得資料時，利用 DOM 設定元素就能取得資料。

從網站取得資料的程式範例

接下來將實際利用 DOM，說明從網站提取資料的巨集。

這裡以圖 7-16 的範例網站為例，介紹提取表 7-3 資料的巨集。

- **網站 URL**：https://vbaweb.neocities.org/sample.html

使用 IE 開啟左邊的範例網站，按右鍵執行「檢視原始碼」命令，就能檢視網頁的 HTML 原始碼。

圖 7-16

HTML 原始碼

```html
<html>
    <head>
        <title>這是標題</title>
    </head>

    <body>
        <h1>這是標題1</h1>
        <p>這是本文1中的段落</p>

        <h2>這是標題2</h2>
        <p>這是本文2中的段落</p>

        <table border="1">
            <tr>
                <th>第1欄標題</th>
                <th>第2欄標題</th>
            </tr>
            <tr>
                <td>資料1</td>
                <td>資料2</td>
            </tr>
            <tr>
                <td>資料3</td>
                <td>資料4</td>
            </tr>
        </table>
    </body>
</html>
```

使用瀏覽器顯示

這是標題1

這是本文1中的段落

這是標題2

這是本文2中的段落

第1欄標題	第2欄標題
資料1	資料2
資料3	資料4

表 7-3：取得資料及原始 HTML 標籤

取得資料	HTML 標籤	標籤說明
網頁標題	\<title\> ～ \</title\>	網頁標題
標題 1	\<h1\> ～ \</h1\>	標題 1
內文 1	\<p\> ～ \</p\>	段落
內文 2	\<p\> ～ \</p\>	段落
表格（Table）的各個儲存格	\<th\> ～ \</th\> \<td\> ～ \</td\>	表格的標題儲存格 表格的一個儲存格

程式 7-3 是取得上述資料的 VBA。

程式 7-3：〔FILE：7-3.xlsm〕

```
1   ' 從網頁取得資料
2   Sub GetData()
3
4       ' 在物件變數中儲存對 IE 的參照
5       Dim ieApp As InternetExplorer
6       Set ieApp = New InternetExplorer
7
8       ' 顯示 IE 視窗
9       ieApp.Visible = True
10
11      ' 連結並等待網頁載入完畢
12      ieApp.Navigate "https://vbaweb.neocities.org/sample.html"
13      Do While ieApp.Busy = True Or ieApp.ReadyState < READYSTATE_
          COMPLETE
14          DoEvents
15      Loop
16
17      ' 取得 HTML
18      Dim doc As HTMLDocument
19      Set doc = ieApp.Document
```

❶ 啟動 IE，前往指定的 URL

接下頁

```
20
21      ' 從 <title> 標籤元素中取得文字
22      MsgBox doc.getElementsByTagName("title")(0).innerText
23
24      ' 從 <h1> 標籤元素中取得文字
25      MsgBox doc.getElementsByTagName("h1")(0).innerText
26
27      ' 從 <p> 標籤元素中取得文字
28      MsgBox doc.getElementsByTagName("p")(0).innerText
29      MsgBox doc.getElementsByTagName("p")(1).innerText
30
31      ' 從 <table> 標籤中一一提取元素
32      Dim el As IHTMLElement
33      For Each el In doc.getElementsByTagName("table")(0).all
34          If el.tagName = "TH" Or el.tagName = "TD" Then
35              Debug.Print el.innerText
36          End If                        ❷ 從網頁的 HTML 取得資料
37      Next el
38
39      ' 退出 IE，刪除物件變數參照
40      Set doc = Nothing
41      ieApp.Quit                        ❸ 結束 IE，刪除物件變數參照
42      Set ieApp = Nothing
43
44  End Sub
```

上述程式是由以下內容構成。

❶ 啟動 IE，前往指定的 URL

❷ 從網頁的 HTML 取得資料

❸ 結束 IE，刪除物件變數參照

圖 7-17：**程式 7-3** 的執行結果

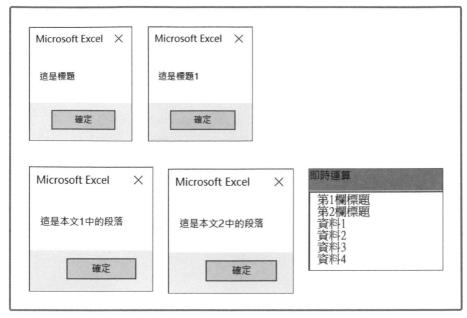

接下來説明 ❷ 的部分。

在變數儲存 HTMLDocument 物件

首先是從網頁取得 HTMLDocument 物件的程式碼。

> 這個部分已經在「從網站取得資料」介紹過（P.165），因此這裡省略詳細説明。

```
' 取得 HTML
Dim doc As HTMLDocument
Set doc = ieApp.Document
```

這裡必須先瞭解在變數「doc」儲存 HTMLDocument 物件，以下程式碼就是使用了這個方法。

取得使用標籤包圍的文字（title 標籤）

以下要説明的程式碼是取得用各個標籤包圍的文字。

首先在程式 7-3 取得網頁標題的程式碼如下所示。

```
' 從 <title> 標籤元素中取得文字
 MsgBox doc.getElementsByTagName("title")(0).innerText
```

上述的 **getElementsByTagName 方法**可以取得用參數設定的標籤名稱元素。在上面的參數中，設定了 **"title"** 字串，所以能取得用 **<title>** ～ **</title>** 標籤包圍的元素。

【 getElementsByTagName方法 】

取得並傳回以參數提取標籤名稱的 HTML 元素。傳回值為 `HtmlElement` 集合。

格式：

`HTMLDocument 物件 .getElementsByTagName( 標籤名稱 )`

參數：

　標籤名稱：用字串描述要取得的元素之 HTML 標籤名稱

這裡將搭配以下概念圖（圖 7-18）來說明。

圖 7-18

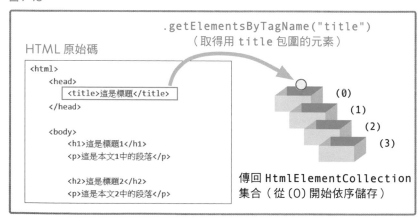

這裡要注意的是，方法名稱「getElement"s"」加上了複數形「s」，代表有多個傳回值。因為在 HTML 原始碼中，可能有多個用相同標籤包圍的元素，而 getElementsByTagName 方法會傳回所有符合參數的元素。傳回值將傳回 HtmlElementCollection 集合（多個物件的集合），並從 (0) 開始依序儲存元素。這次的範例網站用 <title> 標籤包圍的元素只有一個，因此傳回在集合儲存 (0) 的狀態。接著繼續寫出 doc.getElementsByTagName("title")(0).innerText 與 innerText 屬性。

innerText 屬性是從取得的元素中，只提取文字（字串）的屬性。

在原本的 HTML 原始碼中，用 <title> ～ </title> 標籤包圍「這是標題」字串，顯示為 <title> 這是標題 </title>，因此 innerText 屬性只取得這些字串（圖 7-19）。

圖 7-19

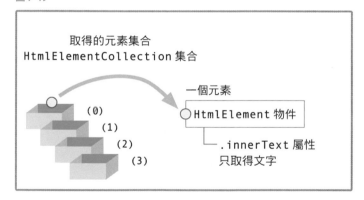

【 innerText 屬性 】

從元素取得文字並以字串形式傳回

格式：

HtmlElement 物件 .innerText

整理上述說明，以下程式碼

```
MsgBox doc.getElementsByTagName("title")(0).innerText
```

是指取得用 <title> 標籤包圍的第 0 個元素，只提取文字，
並使用訊息方塊輸出。

取得用標籤包圍的元素（h1 標籤）

以下程式碼同樣使用 getElementsByTagName 方法取得
元素。

```
' 從 <h1> 標籤元素中取得文字
MsgBox doc.getElementsByTagName("h1")(0).innerText
```

這是指取得用 <h1> 標籤包圍的第 0 個元素，並用訊息方塊輸
出。

如上所示，改變 getElementsByTagName 方法的參數，可
以取得用特定標籤包圍的元素。

取得用標籤包圍的多個元素（p 標籤）

到目前為止，我們已經取得在整個 HTML 原始碼中，只存在
於一個地方的元素，包括 <title> 標籤及 <h1> 標籤等。接
著要說明的情況是，有多個用相同標籤包圍的元素。

以下是從 <p> 標籤包圍的元素取得文字的程式碼。

```
' 從 <p> 標籤元素中取得文字
MsgBox doc.getElementsByTagName("p")(0).innerText
MsgBox doc.getElementsByTagName("p")(1).innerText
```

如上所示，從取得的集合中，分別設定 (0) 與 (1)，這是什
麼意思呢？請見圖 7-20。

圖 7-20

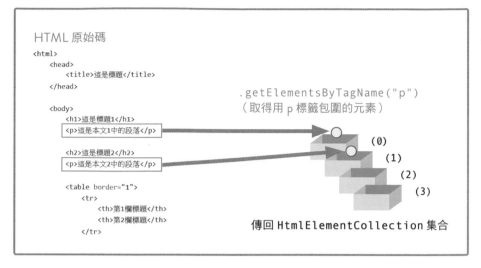

前面說明過，getElementsByTagName 方法會取得參數（這個範例是指程式碼中的 "p"）與標籤名稱一致的 HTML 元素。在整個 HTML 原始碼中，用 <p> 標籤包圍的元素有兩個地方，因此以集合（物件集合）當作傳回值。傳回值會從集合 (0) 開始依序儲存，所以儲存成 (0) 與 (1)。

因此上述程式碼是分別

在 doc.getElementsByTagName("p")(0) 取得用 <p> 標籤包圍的第一個元素

在 doc.getElementsByTagName("p")(1) 取得用 <p> 標籤包圍的第二個元素。

■

如上所示，假如有多個用相同標籤包圍的元素，使用 getElementsByTagName 方法取得的元素會從集合 (0) 開始依序儲存。

補充說明：如何依序取得迴圈中所有的元素？

假如想依序設定所有用集合取得的元素時，可以設定迴圈最後的元素。

```
' 依序取得所有元素
Dim i As Long
For i = 0 To doc.getElementsByTagName("p").Length - 1
    MsgBox doc.getElementsByTagName("p")(i).innerText
Next i
```

Length 屬性會傳回取得的元素數量。假設用 <p> 標籤包圍
的元素有 10 個，就會儲存在集合的 (0)～(9)，所以如果要
設定最後的元素，必須減 1，變成 Length-1。

從表格取得各個儲存格

從網頁取得資料時，比較常見的是從表格（table）提取資
料。因為表格常用來整理資料。

以下是從表格取得資料的程式碼。

```
' 從 <table> 標籤中一一提取元素
Dim el As IHTMLElement
For Each el In doc.getElementsByTagName("table")(0).all
    If el.tagName = "TH" Or el.tagName = "TD" Then
        Debug.Print el.innerText
    End If
Next el
```

以下將從基礎開始依序說明，讓你可以輕易瞭解上面的程式
碼。

表格結構

HTML 原始碼依照圖 7-21 定義了表格（Table）。表 7-4 列出
了常用來定義表格時的 HTML 標籤。

圖 7-21

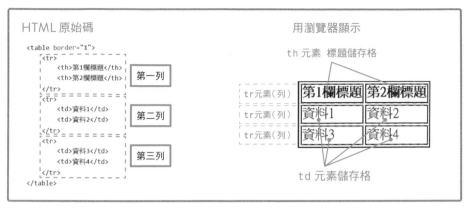

表 7-4

元素	HTML 標籤	說明
整個表格	`<table>` ～ `</table>`	定義整個表格。圖例是利用 `border="1"` 定義表格框線的粗細
列	`<tr>` ～ `</tr>`	定義表格的第一列
標題儲存格	`<th>` ～ `</th>`	定義表格的標題儲存格
儲存格	`<td>` ～ `</td>`	定義表格的儲存格

確定要取得的元素

這次的程式碼取得的資料是 th 元素（標題儲存格）與 td 元素（儲存格）（圖 7-22）。

圖 7-22

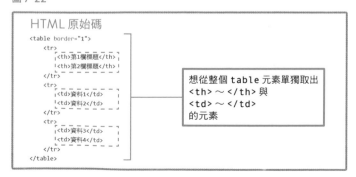

從包含在 table 內的所有元素中一一提取元素

首先取得用 <table> 標籤包圍的所有元素，再從中依序提取每個元素。

程式碼如下所示。

```
Dim el As IHTMLElement
For Each el In doc.getElementsByTagName("table")(0).all

處理內容

Next el
```

圖 7-23

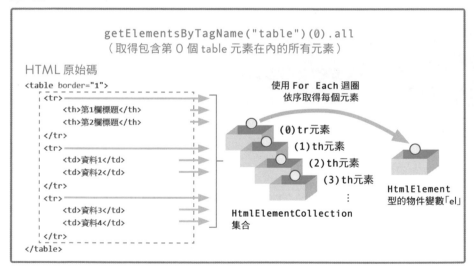

doc.getElementsByTagName("table")(0) 取得 table 元素的第 0 個元素。這次的範例網站只有一個表格，所以設定為第 0 個。

此 外，doc.getElementsByTagName("table")(0).all 利用 all 屬性，可以取得包含 table 元素在內的所有元素。

【all屬性】

把包含元素在內的所有元素以集合形式（`HtmlElementCollection`）傳回

格式：

`HtmlElement 物件 .all`

如圖 7-23 的説明，利用 **For Each 迴圈**一一取得元素。此時，在 **For Each 陳述式**需要當作「暫存器」的變數。

因此，使用以下程式碼宣告變數。

```
Dim el As IHTMLElement
```

這是宣告 `IHTMLElement` 型物件變數「el」的程式碼。

`IHTMLElement` 物件可以用來儲存一個 HTML 元素（`HtmlElement` 物件）。

宣告這個物件變數之後，在 For Each 迴圈就能當作「暫存器」使用。

標籤名稱如果與「th」或「td」一致就提取文字

到目前為止，利用 For Each 迴圈，逐一處理 table 內的所有元素，迴圈內的處理內容為以下程式碼中的粗體部分。

HTML 物件有可以支援各種標籤的物件（例如：支援 <p> 標籤的 HTMLParagraphElement，支援 <a> 標籤的 HTMLAnchorElement 等）。可是每次要設定標籤，撰寫程式很麻煩，而且也無法重複使用同一個變數。

然而 IhtmlElement 物件不需要設定標籤，就可以儲存元素，非常方便。因此，這次在 For Each 迴圈使用了 IhtmlElement 物件。

```
For Each el In doc.getElementsByTagName("table")(0).all
    If el.tagName = "TH" Or el.tagName = "TD" Then
        Debug.Print el.innerText
    End If
Next el
```

圖 7-24

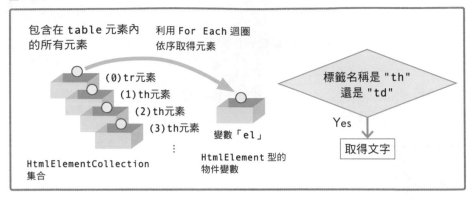

如圖 7-24 所示，在變數 el 內逐一儲存元素。此時，會用 If 語法判斷標籤名稱是否與「th」或「td」一致，程式碼如下所示。

```
If el.tagName = "TH" Or el.tagName = "TD" Then
```

請注意！條件式內的標籤名稱必須設定為大寫，如 "TH" 或 "TD"。

原因在於，使用 **tagName 屬性**取得的標籤名稱是用英文大寫表記。

假如在條件式內用小寫描述，例如 "th" 或 "td"，就會判斷成不一致。

【tagName 屬性】

以字串形式取得元素的標籤名稱，必須注意取得的標籤名稱為英文大寫。

格式：

HtmlElement 物件 .tagName

最後用以下這個部分的程式碼輸出元素的文字。

```
Debug.Print el.innerText
```

Debug.Print 方法可以用來把當作參數傳遞的結果或儲存在
變數內的值輸出在「即時運算視窗」。

【 Debug.Print方法 】

將結果或儲存在變數內的值輸出在即時運算視窗

格式：

Debug.Print 或變數名稱等

補充說明：在 VBE 沒有顯示即時運算視窗時

在 VBE 執行「檢視」→「即時運算視窗」命令，或按下快速
鍵 Ctrl + G 鍵，就會顯示視窗。假如執行上述操作，仍沒有
顯示即時運算視窗時，可能是被最小化在畫面最下方，此時請
用滑鼠拖曳放大視窗的邊界。

圖 7-25

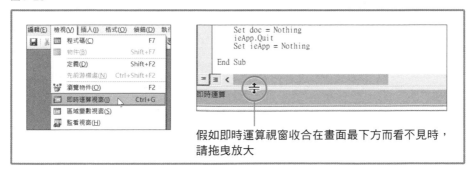

補充說明：偵錯時使用 Debug.Print 的原因

由於表格內共儲存了六個資料，若一個一個用 MsgBox 輸出，
會顯示多次訊息，使得偵錯工作變得複雜。當你想依序輸出大
量資料時，建議和這個範例一樣，使用 Debug.Print 比較
適合。

連續取得網站的物件資料

這裡要介紹從模擬實際網站的範例網站取得資料的巨集。程式 7-4 可以如圖 7-26 所示，從網頁上的物件清單中，提取「物件名稱」、「所在地」、「價格」、「路線、車站」、「格局」、「更新日」等所有資料。

圖 7-26

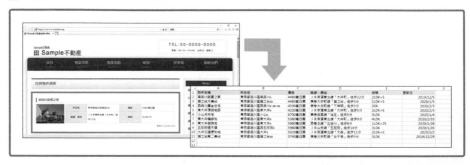

程式 7-4：〔FILE：**7-4.xlsm**〕

```
1   ' 從網頁取得多個物件資料
2   Sub GetDataList()
3
4       ' 宣告儲存 IE 參照的物件變數                    ❶啟動 IE，前往指定 URL
5       Dim ieApp As InternetExplorer
6       Set ieApp = New InternetExplorer
7       ieApp.Visible = True      ' 顯示 IE 視窗
8
9       ' 載入網頁，等待載入完成
10      ieApp.Navigate "https://vbaweb.neocities.org/"
11      Do While ieApp.Busy = True Or ieApp.ReadyState < READYSTATE_
        COMPLETE
12          DoEvents
13      Loop
```

14	
15	**② 從網頁的 HTML 取得資料**
15	' 取得 HTMLDocument 物件
16	Dim doc As HTMLDocument
17	Set doc = ieApp.Document
18	
19	' 取得 list 類別的元素數量
20	Dim listLen As Long
21	listLen = doc.getElementsByClassName("list").Length
22	
23	' 從 0 開始依序將 list 類別放入變數內
24	Dim i As Long
25	For i = 0 To listLen - 1
26	Dim el As IHTMLElement
27	Set el = doc.getElementsByClassName("list")(i)
28	
29	' 取得 h4 元素中的文字
30	Cells(i + 2, 1).Value = el.getElementsByTagName("h4")(0).innerText
31	' 取得 td 元素中的文字
32	Cells(i + 2, 2).Value = el.getElementsByTagName("td")(0).innerText
33	Cells(i + 2, 3).Value = el.getElementsByTagName("td")(1).innerText
34	Cells(i + 2, 4).Value = el.getElementsByTagName("td")(2).innerText
35	Cells(i + 2, 5).Value = el.getElementsByTagName("td")(3).innerText
36	' 取得更新日的文字 (date)
37	Dim str As String
38	str = el.getElementsByClassName("date")(0).innerText
39	str = Right(str, Len(str) - 4)
40	Cells(i + 2, 6).Value = str
41	Next i
42	
43	' 退出 IE，刪除物件變數的參照
44	Set doc = Nothing

接下頁

```
45    ieApp.Quit
46    Set ieApp = Nothing
47
48  End Sub
```

❸ 退出 IE，刪除物件變數的參照

另外，範例網站的 HTML 原始碼如圖 7-27 所示。

圖 7-27：HTML 原始碼（節錄）

```html
<h2>待售物件清單</h2>

<div class="list">
    <a href="#">
        <h4>南品川甜蜜之家</h4>
        <figure><img src="images/house1.jpg" alt="photo1"></figure>
        <table>
            <tr>
                <th>所在地</th>
                <td>東京都品川區南品川x</td>
                <th>價格</th>
                <td>4480萬日圓</td>
            </tr>
            <tr>
                <th>路線、車站</th>
                <td>ＪＲ京濱東北線「大井町」徒步12分</td>
                <th>格局</th>
                <td>2LDK+S</td>
            </tr>
        </table>
        <span class="date">更新日:2019/12/5</span>
    </a>
</div>

（以下重複類似的程式碼）
```

整個程式的概要

程式 7-4 是由以下步驟構成，這裡要説明 ❷ 的部分。

❶ 啟動 IE，前往指定的 URL

❷ 從網頁的 HTML 取得資料

❸ 退出 IE，刪除物件變數的參照

取得 HTMLDocument 物件

以下程式是從 IE 顯示的網頁中，取得 **HTMLDocument 物件**，並儲存在變數「doc」內。

```
' 取得 HTMLDocument 物件
Dim doc As HTMLDocument
Set doc = ieApp.Document
```

HTMLDocument 物 件 已 經 在「從 網 站 取 得 資 料」小 節（P.172）詳細説明過，因此這裡省略。

取得類別元素的數量
(getElementsByClassName)

以下程式是取得網頁上「**list 類別**」元素的數量並儲存在變數內。

```
' 取得 list 類別的元素數量
Dim listLen As Long
listLen = doc.getElementsByClassName("list").Length
```

這裡出現「**類別**」這個字，究竟是什麼意思？請見以下説明。

圖 7-28

把樣式（外觀）定義為類別名稱 "list" 的 div 標籤
用在範圍較廣的區域

```
<div class="list">
    <a href="#">
        <h4>南品川甜蜜之家</h4>
        <figure><img src="images/house1.jpg" alt="photo1"></figure>
        <table>
            <tr>
                <th>所在地</th>
                <td>東京都品川區南品川x</td>
                <th>價格</th>
                <td>4480萬日圓</td>
            </tr>
            <tr>
                <th>路線、車站</th>
                <td>ＪＲ京濱東北線「大井町」徒步12分</td>
                <th>格局</th>
                <td>2LDK+S</td>
            </tr>
        </table>
        <span class="date">更新日:2019/12/5</span>
    </a>
</div>
```

把樣式（外觀）定義類別名稱 "date" 的 span 標籤
用在範圍較小的區域

圖 7-28 是從範例網站的 HTML 原始碼節錄出來的部分內容。
這裡可以看到用 <div class="list"> ～ </div> 包圍的
區域，以及用 <span class="data"> ～ </span> 包圍的
區域。

這是指以特定樣式（外觀）裝飾用標籤包圍的區域。

兩者的寫法都是 <div class= 類別名稱 >、<span class=
類別名稱 >，在各個類別名稱中，定義了樣式。

各個類別名稱的樣式
一般是定義成「Style
Sheet（CSS）」。

雖然 div 標籤與 span 標籤的用法一樣，但是一般 div 標籤
是用來包圍比較廣的區域，而 span 標籤是用來包圍比較小的
區域。

■

接下來將對照實際的網頁來說明（圖 7-29）。

圖 7-29

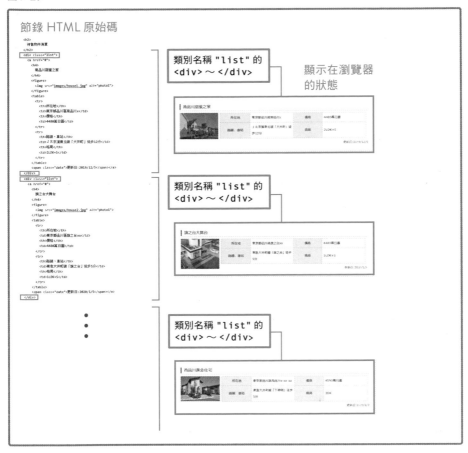

在用 `<div class="list">` ～ `</div>` 包圍的範圍套用類別名稱「list」的樣式，包圍的部分會被視為是網站上的一個房地產物件資料。

因此，依照網頁上的房地產物件數量，寫出以 `<div class="list">` ～ `</div>` 包圍的程式碼。

這樣就能取得套用類別名稱「list」的區域數量。利用 **getElementsByClassName 方法**可以取得設定在參數內的類別名稱元素。此外，使用 **Length 屬性**能取得數量。這個範例檔案套用類別名稱「list」的區域有 10 個，所以取得的數值為 10（圖 7-30）。

圖 7-30

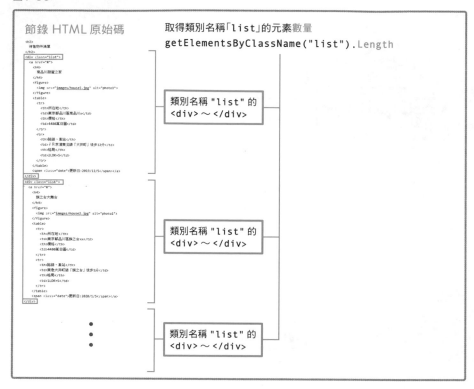

節錄 HTML 原始碼

取得類別名稱「list」的元素數量
getElementsByClassName("list").Length

類別名稱 "list" 的
 ～

類別名稱 "list" 的
 ～

類別名稱 "list" 的
 ～

【 getElementsByClassName 方法 】

取得並傳回由參數提取的類別名稱之 HTML 元素，並把 HtmlElement 集合當作傳回值傳回

格式：
HTMLDocument 物件 .getElementsByClassName(類別名稱)

參數：
　類別名稱：把要取得的元素之類別屬性描述為字串

【 Length 屬性 】

傳回元素的集合（HtmlElement 集合）數量

格式：
HtmlElement 集合 .Length

因此在 `listLen = doc.getElementsByClassName("list").Length` 取得類別名稱「`list`」的元素數量，並儲存在變數「ListLen」。

利用 For 迴圈依序取得所有 list 類別並放入變數內

前面已經取得了類別的數量，接著要利用 **For 迴圈**依序取得網頁上所有的 `list` 類別，並放入變數內，程式碼如下所示，請見圖 7-31 的說明。

```
' 從 0 開始依序將 list 類別放入變數內
Dim i As Long
For i = 0 To listLen - 1
    Dim el As IHTMLElement
    Set el = doc.getElementsByClassName("list")(i)

    ' 處理內容

Next i
```

圖 7-31

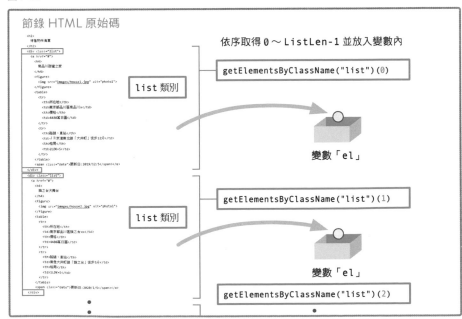

利用 `doc.getElementsByClassName("list")(i)` 取得 `list` 類別的元素。

變數 i 會從 0 到 listLen-1 逐一變化並重複執行，按照第 0 個 list 類別、第 1 個 list 類別、第 2 個 list 類別…的順序放入變數「el」內。

在 listLen 儲存了 list 元素的數量，由於參數是從 0 開始，所以迴圈的結束值是 listLen-1，請特別注意這一點。

為什麼要先把元素放入變數內？

如上所示，把 list 類別的元素放入變數內有什麼好處？請見圖 7-32 的說明。

圖 7-32

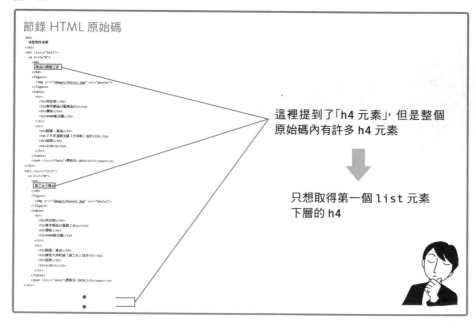

假設我們要取得 h4 元素中的「品川甜蜜之家」物件名稱。

可是檢視整個 HTML 原始碼，會發現有許多 h4 元素。如此一來，就算想取得某個物件的 h4 元素，卻很難確定「應該取得第幾個 h4 元素？」

其實只要把上層的 list 類別放入變數內，就能解決這個問題（圖 7-33）。

圖 7-33

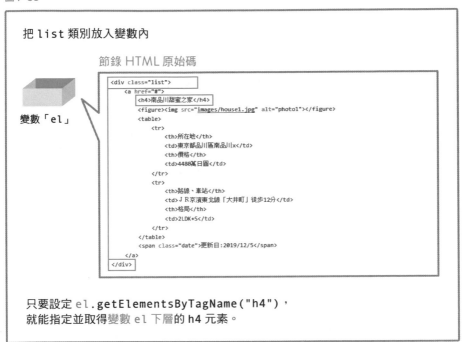

如圖 7-33 所示，取得變數 el 上層的元素後，輸入

```
el.getElementsByTagName("h4")
```

就能指定並取得變數 el 下層的 h4 元素。

上述範例只列舉了 h4 元素的例子，其他元素也一樣。如果物件的每項資料統一存放在一個元素的下層，只要先把上層元素放入變數內，就能有效率地取得資料。

從每個元素提取資料

最後要説明從 HTML 原始碼提取每個元素的資料，程式碼如
下所示。請見下一頁圖 7-34 的説明。

```vb
' 從 0 開始依序將 list 類別放入變數內
Dim i As Long
For i = 0 To listLen - 1
    Dim el As IHTMLElement
    Set el = doc.getElementsByClassName("list")(i)
    ' 取得 h4 元素中的文字
    Cells(i + 2, 1).Value = el.getElementsByTagName("h4")(0).innerText
    ' 取得 td 元素中的文字
    Cells(i + 2, 2).Value = el.getElementsByTagName("td")(0).innerText
    Cells(i + 2, 3).Value = el.getElementsByTagName("td")(1).innerText
    Cells(i + 2, 4).Value = el.getElementsByTagName("td")(2).innerText
    Cells(i + 2, 5).Value = el.getElementsByTagName("td")(3).innerText
    ' 取得更新日的文字 (date)
    Dim str As String
    str = el.getElementsByClassName("date")(0).innerText
    str = Right(str, Len(str) - 4)
    Cells(i + 2, 6).Value = str
Next i
```

表 7-5 整理了這次想取得的資料。

表 7-5

資料名稱	元素與號碼	HTML 標籤	轉存資料的儲存格
物件名稱	h4 元素（第 0 個）	`<h4>～</h4>`	i+2 列 A 欄
所在地	td 元素（第 0 個）	`<td>～</td>`	i+2 列 B 欄
價格	td 元素（第 1 個）	`<td>～</td>`	i+2 列 C 欄
路線、車站	td 元素（第 2 個）	`<td>～</td>`	i+2 列 D 欄
格局	td 元素（第 3 個）	`<td>～</td>`	i+2 列 E 欄
更新日	date 類別（第 0 個）	`<span class="date">～</span>`	i+2 列 F 欄

圖 7-34

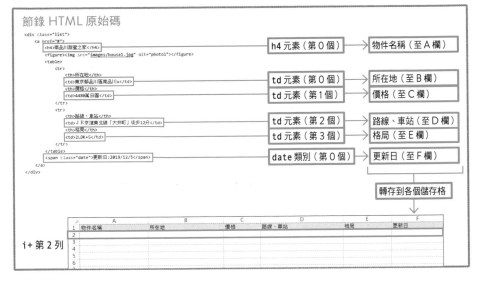

以下是取得物件名稱的程式。

```
' 取得 h4 元素中的文字
    Cells(i + 2, 1).Value = el.getElementsByTagName("h4")(0).innerText
```

上述是從 <h4> 標籤包圍的元素中，取得第 0 個元素，並將取得的
文字轉存在儲存格內。

接著使用以下程式碼依序取得所在地、價格、路線、車站、格局。

```
' 取得 td 元素中的文字
    Cells(i + 2, 2).Value = el.getElementsByTagName("td")(0).innerText
    Cells(i + 2, 3).Value = el.getElementsByTagName("td")(1).innerText
    Cells(i + 2, 4).Value = el.getElementsByTagName("td")(2).innerText
    Cells(i + 2, 5).Value = el.getElementsByTagName("td")(3).innerText
```

上述程式碼是從 <td> 標籤包圍的元素中，分別取得第 0、1、2、3
個元素，然後把文字轉存在儲存格內。

最後取得更新日的程式碼如下所示。

```
' 取得更新日的文字 (date)
Dim str As String
str = el.getElementsByClassName("date")(0).innerText
str = Right(str, Len(str) - 4)
Cells(i + 2, 6).Value = str
```

上述程式碼取得了以類別名稱 "date" 定義的元素（以 <span class="date"> 包圍的元素），把取得的文字輸入儲存格內。原始文字顯示為「更新日：2019/12/5」，但是我們不需要開頭的 4 個字「更新日：」，因此使用 Right 函數，取得排除了開頭 4 個字的字串。

重點整理

這樣就能逐一取得網站上的物件資料，整理成 Excel 的清單。這裡介紹的方法並非每個網站都通用，但是多數網站的 HTML 原始碼都是依照相同結構建立的。

這次的運用可以

> ◪ 從商品排名取得商品資料並彙整成 Excel
> ◪ 從熱門報導排名取得報導標題及瀏覽次數並彙整成 Excel
> ◪ 從商品搜尋結果取得資料並彙整成 Excel

請務必試試看。

開始練習！

自動操作表單

接下來要說明如何自動操作網站上的表單。

這次要學習的範例是，在 EC 網站（https://book.mynavi.jp/ec/）的搜尋表格輸入特定搜尋關鍵字，顯示搜尋結果的巨集（程式 7-5、圖 7-35）。

程式 7-5： 〔FILE：**7-5.xlsm**〕

```
1   '填寫表單，然後按下按鈕
2   Sub InputForm()
3
4       '宣告參照 IE 的物件變數                    ❶ 啟動 IE，前往指定的 URL
5       Dim ieApp As InternetExplorer
6       Set ieApp = New InternetExplorer
7       ieApp.Visible = True      '顯示 IE 視窗
8
9       '連結網址並等待載入完成
10      ieApp.Navigate "https://book.mynavi.jp/ec/"
11      Do While ieApp.Busy = True Or ieApp.ReadyState < READYSTATE_
          COMPLETE
12          DoEvents
13      Loop
14
15      '取得 HTMLDocument 物件                  ❷ 取得並操作表單的各個元素
16      Dim doc As HTMLDocument
17      Set doc = ieApp.Document
18
19      '選取框（類別）
20      Dim sBox As IHTMLElement
21      Set sBox = doc.getElementsByName("topics_group_id")(0)
22      sBox.selectedIndex = "1"      '書籍 / 雜誌
23
```

接下頁

```
24    ' 單行文字框（搜尋關鍵字）
25    Dim tBox As IHTMLElement
26    Set tBox = doc.getElementsByName("topics_keyword")(0)
27    tBox.Value = "VBA"
28
29    ' 按下傳送按鈕（執行搜尋）
30    Dim sButton As IHTMLElement
31    Set sButton = doc.getElementsByClassName("submit")(0)
32    sButton.Click
33
34    ' 刪除物件變數參照                          ❸刪除物件變數參照
35    Set doc = Nothing
36    'ieApp.Quit '（不關閉 IE 瀏覽器）
37    Set ieApp = Nothing
38
39  End Sub
```

圖 7-35

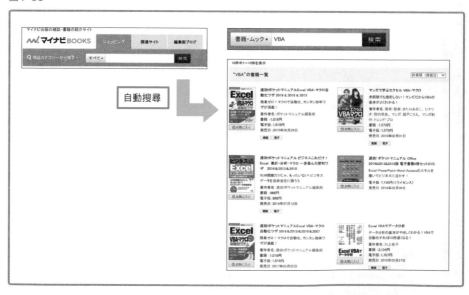

整個程式碼的流程如下所示，這裡要説明 ❷ 的部分。

① 啟動 IE，前往指定的 URL

② 取得並操作表單的各個元素

③ 刪除物件變數參照

查詢表單的各個元素

首先查詢在 HTML 原始碼內如何呈現表單。

如果你使用的是 IE，請在網頁上想查詢的部分按下滑鼠右鍵，執行「檢查元素」命令，開啟「開發人員工具」視窗，就可以瀏覽 HTML 原始碼。反白顯示的部分就是該行程式碼（圖 7-36）。

IE 以外的瀏覽器也具有相同功能。Google Chrome 是執行「檢查」命令。

圖 7-36

請檢視各個 HTML 對應哪個部分（圖 7-37）。

圖 7-37

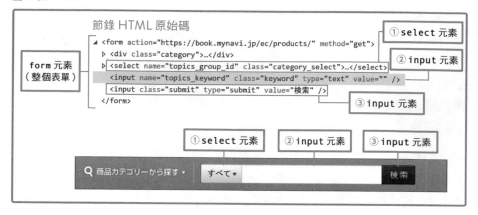

表 7-6

表單的元件	元素
① 選取框（選擇類別）	select 元素
② 單行文字框（輸入搜尋關鍵字）	input 元素（type 屬性 ="text"）
③ 傳送按鈕（執行搜尋）	input 元素（type 屬性 ="submit"）

如果要操作商品搜尋表單，只要操作圖 7-37 及表 7-6 的 ① 到
③。接下來要說明在 VBA 操作各個元件的方法。

補充說明

type 屬性是決定元素種類的字串。例如，即使同樣是
input 屬性，設定成 type="text" 是指單行文字框，
而設定成 type="submit" 是指傳送按鈕。

操作選取框，改變類別

以下是操作選取框，選取「書籍／雜誌」的程式碼。

```
' 選取框（類別）
Dim sBox As IHTMLElement
Set sBox = doc.getElementsByName("topics_group_id")(0)
sBox.selectedIndex = "1"    ' 書籍 / 雜誌
```

首先在 Dim sBox As IHTMLElement 宣告儲存元素
的 IHTMLElement 型物件變數「sBox」。接著在 doc.
getElementsByName("topics_group_id")(0) 取得
name 屬性的元素「topics_group_id」，設定第 0 個。

■

不過「**name 屬性**」是什麼？檢視該選取框的 HTML 原始碼，
結果如下所示。

HTML 原始碼

```
<select name="topics_group_id" class="category_select">...</select>
```

select 是元素名稱，後面輸入了 name="topics_group_
id"，這是 name 屬性的附加資料。name 屬性本身沒有意
義，卻能在元素加上固定名稱。因此在這次的程式碼中，
name 屬性取得了 "topics_group_id" 元素。此外，利
用「getElementsByName」方法可以用 name 屬性取得
元素。

前面使用過 getElementsByTagName、
getElementsByClassName 等名稱類似的方法，但是這個
方法與其他方法不同。

【 getElementsByName方法 】

取得並傳回與參數設定的 name 屬性值一致的 HTML 元素，傳回值為
HtmlElement 集合

格式：

HTMLDocument 物件 .getElementsByName(名稱)

參數：

　名稱：把要取得的元素之 name 屬性值描述為字串

因此在

```
Set sBox = doc.getElementsByName("topics_group_id")(0)
```

取 得 name 屬 性 與 "topics_group_id" 一 致 的 第 0 個 元
素，然後儲存在變數 sBox 內。接著

```
sBox.selectedIndex = "1"      ' 書籍 / 雜誌
```

在 selectedIndex 屬性賦值為 "1"，把選取值改為「1」。

這裡的 "1" 是什麼意思？請仔細檢視 HTML 原始碼。

在 IE 的開發人員工具中，按下 <select name=.. 左邊的按
鈕，會展開收合起來的原始碼（圖 7-38）。　　　圖 7-38

這裡會顯示索引編號及選項名稱，這個部分對應
了選取框的選項（圖 7-39）。

這 次 在 選 項 中 選 擇 了「 書 籍 / 雜 誌 」，所 以
selectedIndex 屬 性 賦 值 為 1，變 成 sBox.
selectedIndex = "1"。

以上就完成了選取框的操作。

圖 7-39

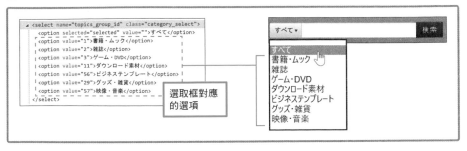

【 selectedIndex 屬性 】

這個屬性可以把選取框的選擇值當作整數資料取得或賦值。

格式：

```
select 物件 .selectedIndex
```

操作單行文字框並輸入搜尋關鍵字

接著是在單行文字框內輸入搜尋關鍵字的程式碼。

```
' 單行文字框（搜尋關鍵字）
Dim tBox As IHTMLElement
Set tBox = doc.getElementsByName("topics_keyword")(0)
tBox.Value = "VBA"
```

首先宣告 IHTMLElement 型變數「tBox」，儲存單行文字框
的元素。接著在 Set tBox = doc.getElementsByName
("topics_keyword")(0)，取得 name 屬性與 "topics_
keyword" 一致的第 0 個元素，並儲存在變數 tBox 內。

最後 tBox.Value = "VBA" 程式是在 Value 屬性賦值
"VBA" 字串。換句話說，就是搜尋關鍵字輸入 "VBA"。

操作傳送按鈕，執行搜尋

最後是執行傳送表單按鈕的程式碼。

```
' 按下傳送按鈕（執行搜尋）
Dim sButton As IHTMLElement
Set sButton = doc.getElementsByClassName("submit")(0)
sButton.Click
```

首先，宣告 IHTMLElement 物件型變數「sButton」，
儲存傳送按鈕的元素。接著在 Set sButton =doc.
getElementsByClassName("submit")(0) 取得類別名
稱與 "submit" 一致的第 0 個元素，並儲存在變數 sButton
內。

最後在 sButton.Click 程式碼執行按下按鈕的處理。換句
話說，就是傳送表單，執行搜尋。

重點整理

這樣就能自動操作表單了。

除此之外，表單及按鈕的操作還有以下這些運用方法。

- ☑ 自動輸入使用者名稱與密碼並登入（請特別注意安全性問題）
- ☑ 在 EC 網站自動搜尋關鍵字，確認銷售排名
- ☑ 在房地產網站自動搜尋關鍵字，收集物件資料

這個方法可以結合從網站收集資料的技巧一起運用。

第**8**章

結合外部資料
擴大運用範圍（1）
文字資料篇

輸出或輸入文字檔案後，就能輸出巨集的 log，或把 log 載入 Excel 內！

本章要説明使用 Excel VBA 輸出、輸入文字檔案的方法。文字檔案是指可以用記事本應用程式編輯，以文字為主的文件檔案。「在 Excel 輸出、輸入文字檔案有什麼用途？」可能有人會產生這種疑問。當你遇到以下狀況時，就可以派上用場。

<
同樣屬於文字格式的檔案還包括了「CSV檔案」，這個部分將在第 9 章詳細説明。

【狀況1】

輸出 log（記錄）：巨集的使用者何時執行了巨集？發生了什麼錯誤？希望留下 log 檔案。

【狀況2】

想把 log 檔案匯入 Excel 變成清單。

利用 Excel VBA 輸出、輸入文字檔案就可以達到上述目的。

【狀況 1】輸出 log（記錄）

圖 8-1

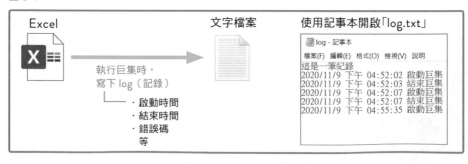

由於系統會記錄下使用者何時、如何執行巨集，所以能把記錄輸出成文字檔案。這種檔案稱作「log 檔案」。此外，當巨集發生錯誤時，也會在 log 留下錯誤碼，可以協助偵錯。

【狀況 2】把 log 檔案匯入 Excel 變成清單

圖 8-2

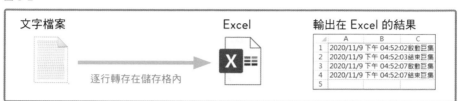

如上所示，輸出的文字檔案可以匯入變成清單。文字檔案很難排序或提取資料，可是匯入 Excel 之後，就能利用篩選或排序功能管理資料。

●

如上所示，輸出、輸入文字檔可以執行以下操作

> ☑ Excel ➡ 把資料輸出成文字檔
> ☑ 文字檔 ➡ 把資料輸入 Excel 資料

接下來要說明在 Excel VBA 操作文字檔的方法。

寫入文字檔

以下要介紹寫入文字檔的基本 VBA 程式碼。以下是輸出一行
文字檔的程式碼。

程式 8-1：〔FILE：**8-1.xlsm**〕

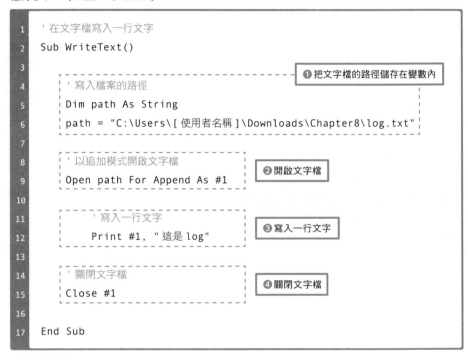

```
1  ' 在文字檔寫入一行文字
2  Sub WriteText()
3
4      ' 寫入檔案的路徑                          ❶ 把文字檔的路徑儲存在變數內
5      Dim path As String
6      path = "C:\Users\[ 使用者名稱 ]\Downloads\Chapter8\log.txt"
7
8      ' 以追加模式開啟文字檔                      ❷ 開啟文字檔
9      Open path For Append As #1
10
11     ' 寫入一行文字                            ❸ 寫入一行文字
12         Print #1, " 這是 log"
13
14     ' 關閉文字檔                              ❹ 關閉文字檔
15     Close #1
16
17 End Sub
```

圖 8-3：**程式 8-1 的執行結果（使用記事本開啟 log.txt 的結果）**

214

程式 8-1 的流程如下所示。接下來將分別説明各個程式碼。

① 把文字檔的路徑儲存在變數內

② 開啟文字檔

③ 寫入一行文字

④ 關閉文字檔

把文字檔的路徑儲存在變數內

以下是把寫入文字檔的路徑儲存在變數內的程式碼。

```
' 寫入檔案的路徑
Dim path As String
'path = "C:\Users\[ 使用者名稱 ]\Downloads\Chapter8\log.txt"
```

上面利用路徑設定了「Downloads」資料夾，不過 C:\
Users\[使用者名稱]\Downloads\Chapter8\log.txt
的 [使用者名稱] 必須更換成 Windows 的使用者名稱。

假如你不曉得使用者名稱是什麼，可以利用以下方法查詢（請
見下一頁的圖 8-4）。

① 按一下畫面左下方的圖示，開啟檔案管理員

② 在「下載」資料夾按下滑鼠右鍵，執行「內容」命令

③ 在「位置：」會顯示「C:\Users\broad」，請在 VBA 程式碼內使用
這裡的使用者名稱

④ 請按下「確定」或「取消」鈕，關閉「內容」視窗

圖 8-4

開啟 / 關閉文字檔

以下是開啟 / 關閉文字檔的程式碼。

```
' 開啟文字檔
Open path For Append As #1

（處理內容）

' 關閉文字檔
Close #1
```

雖然這裡提到「開啟 / 關閉」，但是外觀上不會開啟或關閉視窗，實際的意思是啟用 / 停止輸出、輸入至檔案。

上面執行了以 **Open 陳述式**開啟檔案，用 Close 陳述式關閉檔案的處理。

這裡的 For Append 及 #1 等關鍵字是什麼意思呢？這是指「檔案模式」、「檔案編號」。

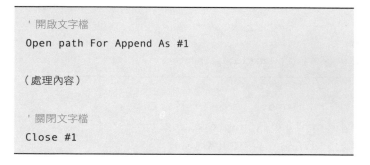

【Open陳述式】

語法：

Open 路徑 For 模式 As #檔案編號

參數：

　路徑名稱：用字串設定開啟的檔案路徑

模式：用關鍵字設定開啟檔案時的模式。關鍵字包括以下種類。

關鍵字	模式	說明	備註
Input	輸入模式	讀取	用在讀取檔案的情況。假如設定的路徑不存在，會出現錯誤 （Output,Appen,Random,Binary 不會出現錯誤，而會建立新檔案）
Output	輸出模式	寫入	用於寫入檔案的情況。假如用路徑指定的檔案已存在，會刪除現有的文字，從第一行開始寫入
Append	追加模式	寫入	使用於寫入檔案的情況。假如用路徑指定的檔案已存在，會保留現有文字，追加寫入在最後一行
Random	隨機存取模式	讀取 / 寫入	可以讀取或寫入檔案
Binary	二進位模式	讀取 / 寫入	可以讀取或寫入二進位格式的檔案

檔案編號：開啟檔案時，會給予 1 以上 511 以下的整數當作編號。後續程式讀取、載入、關閉檔案時，可以用這個檔案編號進行設定。

這次的程式碼

```
' 以追加模式開啟文字檔
Open path For Append As #1
```

在路徑設定了變數「path」，模式指定為「for Append」。
Append 是追加模式，如果檔案已經存在，會逐行追加在最後一行。

假如用路徑指定的檔案不存在，寫入時會自動建立新的檔案。

這裡的「for Output」也可以寫入檔案，但是 Output 遇到指定的檔案已經存在時，會覆寫現有的文字，從第一行開始寫入。因此，這次設定為 Append 而不是 Output。

在文字檔寫入一行文字

以下程式可以在文字檔增加一行文字。

```
' 寫入一行文字
Print #1, " 這是 log"
```

【Print # 陳述式】

可以在開啟中的文字檔寫入一行文字。

語法：

Print #filenumber, [outputlist]

參數：

    filenumber：設定檔案編號。開頭必須加上 #。

    [outputlist]：設定要寫入的字串。可以省略，但是省略之後，只會換行寫入。

以上可以在文字檔寫入一行文字。

運用上述程式，也能從巨集匯出 log。

\ 開始練習！ /

輸出執行巨集的 log

以下要介紹運用上一節介紹過的「寫入文字檔」程式，輸出巨集的執行 log。程式 8-2 準備了兩個程序，包括

❶ **主程序**

❷ **輸出 log 的程序**

利用 ❶ 的程序，用 Call 陳述式呼叫 ❷ 的方法，輸出 log（圖 8-5）。

程式 8-2：〔FILE：**8-2xlsm**〕

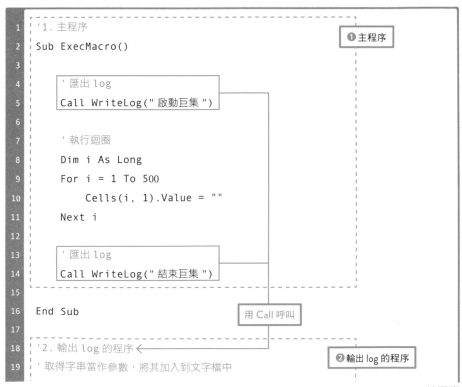

```
1    '1. 主程序
2    Sub ExecMacro()
3
4        ' 匯出 log
5        Call WriteLog(" 啟動巨集 ")
6
7        ' 執行迴圈
8        Dim i As Long
9        For i = 1 To 500
10           Cells(i, 1).Value = ""
11       Next i
12
13       ' 匯出 log
14       Call WriteLog(" 結束巨集 ")
15
16   End Sub
17
18   '2. 輸出 log 的程序
19   ' 取得字串當作參數，將其加入到文字檔中
```

❶ 主程序

用 Call 呼叫

❷ 輸出 log 的程序

接下頁

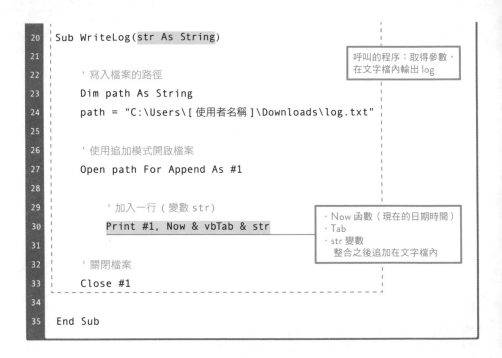

```
20    Sub WriteLog(str As String)

21

22        ' 寫入檔案的路徑

23        Dim path As String

24        path = "C:\Users\[ 使用者名稱 ]\Downloads\log.txt"

25

26        ' 使用追加模式開啟檔案

27        Open path For Append As #1

28

29            ' 加入一行 ( 變數 str )

30            Print #1, Now & vbTab & str

31

32        ' 關閉檔案

33        Close #1

34

35    End Sub
```

呼叫的程序：取得參數，在文字檔內輸出 log

· Now 函數（現在的日期時間）
· Tab
· str 變數
　整合之後追加在文字檔內

圖 8-5：程式的執行結果（用記事本開啟 log.txt 的結果）

從主程序傳遞字串當作參數

在 ❶ 的主程序（ExecMacro）利用以下程式碼

```
' 匯出 log
Call WriteLog(" 啟動巨集 ")


' 匯出 log
Call WriteLog(" 結束巨集 ")
```

在 Call 陳述式呼叫 WriteLog 程序。

此時，會傳遞 " 啟動巨集 " 及 " 結束巨集 " 等字串當作參數。

輸出 log 的程序會取得參數並輸出文字

另一方面，輸出 log 的程序（WriteLog）會變成**含參數的 Sub 程序**。

含 參 數 的 Sub 程 序 已 經 在 第 4 章 說 明 過，請參考該部分的 內容。

```
Sub WriteLog(str As String)

    ' 處理內容

End Sub
```

上面利用 Sub WriteLog(str As String) 取得參數，當 作 String 型的 str 變數。

此外，追加至文字檔的程式碼寫成

```
' 加入一行 ( 變數 str)
Print #1, Now & vbTab & str
```

這個時候

> ◻ 利用 Now 函數以 yyyy/mm/dd h:mm:ss 的格式取得目前的日期時間
> ◻ vbTab（標籤）
> ◻ 變數 str

用 & 結合上述部分，當作字串追加在文字檔內。追加在文字檔 的字串如下所示。

```
2020/11/9 下午 04:52:02    啟動巨集
2020/11/9 下午 04:52:03    結束巨集
```

補充說明：自動取得檔案編號的 FreeFile 函數

前面提到的 Open 陳述式及 Print # 陳述式，必須設定 #1 等
任意數值當作檔案編號。這個檔案編號如果與開啟其他文字檔
的檔案編號重複，就會出現錯誤。

以下是檔案編號重複，開啟了兩種文字檔的程式範例。

出現錯誤的程式範例：〔FILE ： **8-freefile1_to_2.xlsm**〕

```
1    ' 如果檔案編號重複
2    Sub DupliFileNum()
3
4        ' 寫入檔案的路徑
5        Dim path1 As String, path2 As String
6        path1 = "C:\Users\[ 使用者名稱 ]\Downloads\Chapter8\log1.txt"
7        path2 = "C:\Users\[ 使用者名稱 ]\Downloads\Chapter8\log2.txt"
8
9        ' 開啟兩種類型的文字檔
10       Open path1 For Append As #1
11       Open path2 For Append As #1
12
13           ' 處理內容
14
15       ' 關閉文字檔
16       Close #1
17       Close #1
18
19   End Sub
```

圖 8-5：程式錯誤結果

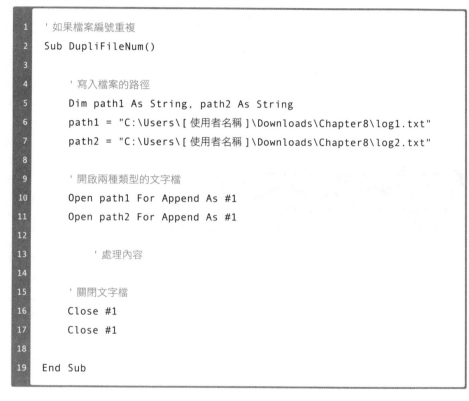

避免檔案編號重複的管理工作很麻煩，但是只要利用
FreeFile 函數，就能自動取得還未使用過的檔案編號。

【FreeFile 函數】

自動傳回尚未使用的檔案編號。

語法：

FreeFile [(rangenumber)]

參數：

　　rangenumber：設定為 0 或 1，可以指定傳回哪個範圍的檔案編號
　　（這個參數可以省略）。

　　0（預設值）是傳回範圍在 1 ～ 255 的檔案編號，若設定成 1，則傳回
　　範圍在 256 ～ 511 的檔案編號。省略參數時，會自動設定成 0。

　　通常會省略參數，寫成 FreeFile 或 FreeFile()。

以下是使用 FreeFile 函數，重寫之後的程式範例。

使用 FreeFile 函數的程式範例：〔FILE：**8-freefile1_to_2.xlsm**〕

```
1   ' 自動取得檔案編號
2   Sub UseFreeFile()
3
4       ' 寫入檔案的路徑
5       Dim path1 As String, path2 As String
6       path1 = "C:\Users\[ 使用者名稱 ]\Downloads\Chapter8\log1.txt"
7       path2 = "C:\Users\[ 使用者名稱 ]\Downloads\Chapter8\log2.txt"
8
9       ' 宣告檔案編號變數
10      Dim fileNum1 As Long, fileNum2 As Long
11
```

接下頁

```
12        ' 取得檔案編號並開啟
13        fileNum1 = FreeFile()
14        Open path1 For Append As #fileNum1
15
16        ' 取得檔案編號並開啟
17        fileNum2 = FreeFile()
18        Open path2 For Append As #fileNum2
19
20          ' 處理內容
21
22        ' 關閉文字檔
23        Close #fileNum1
24        Close #fileNum2
25
26    End Sub
```

上述程式碼依照以下步驟使用了 FreeFile 函數。

---

❶ 宣告儲存檔案編號的變數「fileNum1」、「fileNum2」

❷ 分別用 FreeFile 函數取得並儲存檔案編號

❸ 在 Open 陳述式、Close 陳述式把 # 變數名稱設定成檔案編號

請注意如下連續輸入兩行 FreeFile 函數也會造成錯誤。

```
fileNum1 = FreeFile()
fileNum2 = FreeFile()
```

連續輸入兩行 FreeFile 函數會傳回相同的檔案編號，使得檔案編號重複而出現錯誤。為了避免重複，使用 FreeFile 函數之後，必須用 Open 陳述式開啟檔案，再用 FreeFile 函數取得下一個檔案編號。

希望發生錯誤時留下錯誤記錄檔

剛才的巨集只會在 log 輸出開始執行巨集及執行完畢的時間。
但是有時我們也會希望發生錯誤時，把錯誤狀況保留在 log
裡。以下要介紹在 log 保留錯誤訊息的程式。

主程序（ExecMacro）修改成以下這樣：[FILE：**8-error-log.xlsm**]

```
1   ' 主程式
2   Sub ExecMacro2()
3
4       ' 匯出 log
5       Call WriteLog(" 啟動巨集 ")
6
7       ' 啟用錯誤處理                          ❶ 啟用錯誤處理
8       On Error GoTo myError
9
10      ' 導致錯誤的代碼
11      Dim i As Long
12      For i = 10 To 0 Step -1                 ❷ 刻意寫出會發生錯誤的
13          Cells(i, 1).Value = ""                程式碼（測試用）
14      Next i
15
16      ' 匯出 log
17      Call WriteLog(" 結束巨集 ")
18
19      Exit Sub                                注意別忘記
20
21      ' 錯誤處理
22  myError:
23
24      ' 取得錯誤代碼及錯誤說明
25      Dim str As String
26      str = " 發生錯誤 " & " " & _            ❸ 寫出發生錯誤時的
27              err.Number & " " & _              處理
28              err.Description
29      ' 輸出 log
```

接下頁

```
30      WriteLog (str)
31
32        ' 輸出錯誤訊息
33      MsgBox str
34
35  End Sub
```

補充說明

原本在上述程式碼的下方也寫了 WriteLong 程序,但是與修改前的程式一樣,所以這裡省略。

圖 8-6:程式程式的執行結果

上述程式是由以下部分構成。

---

❶ 啟用錯誤處理
❷ 刻意寫出會發生錯誤的程式碼(測試用)
❸ 寫出發生錯誤時的處理

---

1. 啟用錯誤處理

利用以下寫法,以後發生錯誤時,可以執行 ❸ 的程式碼。

```
' 啟用錯誤處理
On Error GoTo myError
```

【On Error GoTo】

若後面的程式碼發生錯誤，就執行用標籤（label）設定的程式碼

語法：

On Error GoTo line

參數：

line：可以設定成任何標籤名稱（範例程式設定了
「myError」標籤名稱）

2．刻意寫出會發生錯誤的程式碼（測試用）

以下是為了測試是否會執行錯誤處理，刻意寫出執行時會發生
錯誤的程式碼。

```
' 導致錯誤的代碼
Dim i As Long
For i = 10 To 0 Step -1
    Cells(i, 1).Value = ""
Next i
' 匯出 log
Call WriteLog(" 結束巨集 ")

Exit Sub
```

上面使用 For 語法寫出迴圈處理，但是 For i = 10 To 0
Step -1 是執行時導致錯誤的原因。這個程式碼是在執行迴
圈時，變數 i 從 10 開始 -1，逐漸變化至 0，當 i 賦值為 0
時，程式碼 Cells(i, 1) 會設定成「第 0 列第 1 欄的儲存
格」，可是 Excel 的工作表並沒有「第 0 列」，所以執行時會
發生錯誤。

由於❶啟用了錯誤處理，當發生錯誤時，會自動執行❸的程式碼。

> **補充說明**
>
> 利用 On Error GoTo 啟用錯誤處理時，別忘了寫上 Exit Sub。假如沒有先寫出 Exit Sub，執行巨集時，就算沒有發生錯誤，也會執行❸的錯誤處理。

3. 發生錯誤時的處理

以下是發生錯誤時，執行處理的程式碼。

```
myError:
    ' 取得錯誤代碼及錯誤說明
    Dim str As String
    str = " 發生錯誤 " & " " & _
            err.Number & " " & _
            err.Description
    ' 輸出 log
    WriteLog (str)

    ' 輸出錯誤訊息
    MsgBox str
```

在❶設定的標籤名稱加上「:」，輸入 myError: 之後，編寫發生錯誤時要執行的處理。一旦出現錯誤，會把資料儲存在 **Err 物件**。

利用以下程式碼可以參照 Err 物件的屬性，取得詳細的錯誤資料（表 8-1）。

表 8-1

屬性	說明
Err.Number	取得錯誤代碼的編號
Err.Description	取得錯誤說明

因此前面的程式碼把

" 發生錯誤" 字串

err.Number 屬性

err.Description 屬性

以上三個部分用半形空格（" "）結合並儲存在變數 str 內。
結果在 log 檔案及訊息方塊中會輸出以下內容。

2020/11/9 下午 04:55:35　　發生錯誤：　1004　應用程式或
物件定義上的錯誤

\ 開始練習！/

讀取文字檔

如何讀取文字檔輸出至 Excel 工作表？

接著要說明讀取文字檔，輸出至 Excel 工作表的方法。以下的
程式 8-3 在讀取文字檔之後，會在 Excel 工作表內逐行輸出內
容。

程式 8-3： [FILE： **8-3.xlsm**]

```
1  Sub ReadTextAll()
2
3      ' 要讀取的檔案路徑                          ❶ 文字檔的路徑
4      Dim path As String
5      path = "C:\Users\[ 使用者名稱 ]\Downloads\Chapter8\log.txt"
6
7      ' 檔案編號（由 FreeFile 函數自動取得）         ❷ 自動取得檔案編號
8      Dim fileNum As Long
```

接下頁

```
9     fileNum = FreeFile()

10

11    ' 開啟文字檔
                                                    ❸ 開啟、關閉文字檔
12    Open path For Input As #fileNum

13

14    ' 逐行接收的變數
                                                    ❹ 逐行放入變數並轉存在工作表內
15    Dim strBuf As String

16

17    ' 讀取開頭到最後一行的文字

18    Dim i As Long

19    Do Until EOF(fileNum)

20

21        i = i + 1

22

23        ' 讀取一行

24        Line Input #fileNum, strBuf

25

26        ' 寫入儲存格

27        Cells(i, 1).Value = strBuf

28    Loop

29

30    ' 關閉文字檔
                                                    ❸ 開啟、關閉文字檔
31    Close #fileNum

32

33    End Sub
```

圖 8-8：程式的執行結果

⊿	A	B	C
1	2020/11/9 下午 04:52:02	啟動巨集	
2	2020/11/9 下午 04:52:03	結束巨集	
3	2020/11/9 下午 04:52:07	啟動巨集	
4	2020/11/9 下午 04:52:07	結束巨集	

程式 8-3 的整個流程如下所示。

① 讀取文字檔的路徑並儲存在變數裡

② 使用 FreeFile 函數自動取得檔案編號

③ 開啟文字檔（最後關閉）

④ 逐行儲存在變數內並寫入工作表

以下將分別說明每個部分的程式碼。

讀取文字檔的路徑並儲存在變數裡

以下程式碼宣告了變數「path」，並儲存想讀取的文字檔路徑。

```
' 要讀取的檔案路徑
Dim path As String
'path = "C:\Users\[ 使用者名稱 ]\Downloads\Chapter8\log.txt"
```

使用 FreeFile 函數自動取得檔案編號

以下程式碼利用 **FreeFile 函數**，自動取得檔案編號，儲存在變數 fileNum 內。

FreeFile 函數請參考上一節「自動取得檔案編號的 FreeFile 函數」（P.222）。

```
' 檔案編號 ( 由 FreeFile 函式自動取得 )
Dim fileNum As Long
fileNum = FreeFile()
```

開啟文字檔（最後關閉）

以下程式碼執行了開啟文字檔，最後關閉檔案的處理。

```
' 開啟文字檔
Open path For Input As #fileNum

    ' 處理內容
' 關閉文字檔
Close #fileNum
```

上面程式碼輸入 Open path For Input As #fileNum，
以讀取文字檔。這裡必須注意，輸入 #fileNum 時，儲存在
變數 fileNum 的檔案編號要加上「#」再設定。另外，For
Input 的意思是在讀取模式開啟檔案。

Open 陳述式已經在「輸出文字檔」的「開啟 / 關閉文字檔」
（P.216）介紹過。Open 陳述式的語法如下所示。

【 Open 陳述式 】

語法：

Open 路徑 For 模式 As # 檔案編號

把「模式」設定為 Input，可以利用讀取模式開啟檔案。

逐行儲存在變數內並寫入工作表

以下程式碼把開啟的文字檔逐行儲存在變數內並寫入儲存格。

```
' 逐行接收的變數
Dim strBuf As String

' 讀取開頭到最後一行的文字
Dim i As Long
```

```
Do Until EOF(fileNum)

    i = i + 1

    ' 讀取一行
    Line Input #fileNum, strBuf

    ' 寫入儲存格
    Cells(i, 1).Value = strBuf

Loop
```

上面利用 Dim strBuf As String 程式碼宣告變數
「strBuf」。

補充說明

上面的變數名稱「str」代表屬於字串型態的 String 型。此外，「Buf」字串有
緩衝（暫存的場所）的意思，這種先在變數取得暫時的值，然後寫入儲存格或
檔案的程式碼常會使用這種變數名稱。

此外，還利用 Do Until 語法描述迴圈。

```
Do Until EOF(fileNum)
    ' 處理內容
Loop
```

Do Until 語法會重複執行處理，直到達成某個條件為止。
EOF(fileNum) 是利用 EOF 函數判斷是否到達檔案的末尾。

EOF 是 End Of File 的縮寫，顧名思義就是指文字檔的
末端。

使用記事本開啟文字檔不會顯示 EOF，但是用其他文字編輯器開啟時，會顯示在檔案的末端（圖 8-9）。

部分文字編輯器具有顯示 [EOF] 或 Tab 分隔符號等功能。處理文字檔時，建議使用這類可以顯示特殊字元的文字編輯器。

圖 8-9：EOF 的範例

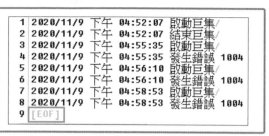

```
1  2020/11/9  下午 04:52:07  啟動巨集
2  2020/11/9  下午 04:52:07  結束巨集
3  2020/11/9  下午 04:55:35  啟動巨集
4  2020/11/9  下午 04:55:35  發生錯誤 1004
5  2020/11/9  下午 04:56:10  啟動巨集
6  2020/11/9  下午 04:56:10  發生錯誤 1004
7  2020/11/9  下午 04:58:53  啟動巨集
8  2020/11/9  下午 04:58:53  發生錯誤 1004
9  [EOF]
```

EOF 函數是判斷開啟檔案時，是否讀取到末端，並且傳回 True 或 False。

【EOF函數】

判斷檔案是否達到末尾，如果到末尾會傳回 True，若沒有則傳回 False。

語法：

EOF(filenumber)

參數：

　　filenumber：設定檔案編號。

　　（這裡不需要加上 "#"）

另一方面，逐行讀取開啟中的檔案，並寫入儲存格的程式碼如下所示。

```
Line Input #fi leNum, strBuf

' 寫入儲存格
Cells(i, 1).Value = strBuf
```

234

上述是利用 `Line  Input` 陳述式，讀取每行的字串，並將字串儲存在 `strBuf` 變數內，然後把儲存在 `strBuf` 的字串寫入儲存格。

`Line  Input` 陳述式會逐行（從行頭到換行）讀取開啟中的檔案並傳回，但是必須先宣告儲存讀取字串的變數。

【 Line Input 陳述式 】

語法：

`Line Input #filenumber, varname`

參數：

    `filenumber`：設定檔案編號，必須在開頭加上「#」。

    `varname`：設定取得字串用的變數名稱。

換句話說，搭配上述的 `Do  Until` 語法，會逐行讀取，直到 EOF（檔案末尾），然後儲存在變數 `strBuf`，再寫入儲存格（圖 8-10）。

圖 8-10

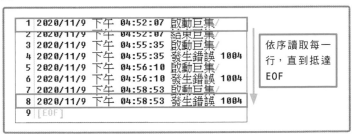

用 Tab 分隔號分割並寫入工作表

上述方法逐行讀取了文字檔再寫入儲存格。

這次要處理的 log 檔案使用了 Tab，既然如此，就利用 Tab 分割內容，在工作表輸出兩欄資料。

圖 8-11

以下是改良程式 8-3，用 Tab 分隔上述文字檔再寫入工作表，
變成程式 8-3a。

程式 8-3a：[FILE：**8-3a.xlsm**]

```
1    Sub SplitByTab()
2
3        ' 要讀取的檔案路徑
4        Dim path As String
5        path = "C:\Users\[ 使用者名稱 ]\Downloads\Chapter8\log.txt"
6
7        ' 檔案編號（ 由 FreeFile 函式自動取得 ）
8        Dim fileNum As Long
9        fileNum = FreeFile()
10
11       ' 開啟文字檔
12       Open path For Input As #fileNum
13
14       ' 逐行接收的變數
15       Dim strBuf As String
16
17       ' 取得分割資料的變數
18       Dim arrBuf As Variant
19
20       ' 讀取開頭到最後一行的文字
21       Dim i As Long
22       Do Until EOF(fileNum)
```

❶宣告用來取得分割資料的變數

236

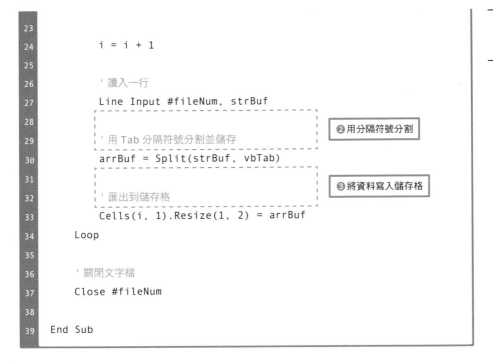

```
23
24          i = i + 1
25
26      ' 讀入一行
27      Line Input #fileNum, strBuf
28
29      ' 用 Tab 分隔符號分割並儲存              ❷用分隔符號分割
30      arrBuf = Split(strBuf, vbTab)
31
32      ' 匯出到儲存格                          ❸將資料寫入儲存格
33      Cells(i, 1).Resize(1, 2) = arrBuf
34  Loop
35
36  ' 關閉文字檔
37  Close #fileNum
38
39  End Sub
```

程式 8-3a 的重點有三個，以下將分別說明。

❶ 宣告用來取得分割資料的變數（arrBuf）

❷ 用分隔符號分割（利用 Split 函數）

❸ 將資料寫入儲存格（利用 Resize 方法、UBound 函數）

❶宣告用來取得分割資料的變數（arrBuf）

以下程式碼宣告了 Variant 型的 arrBuf 變數。

```
' 取得分割資料的變數
Dim arrBuf As Variant
```

後面會再詳細説明「為什麼是 Variant 型？」不過 Variant 型的變數是無類型的變數。之後會用 Tab 分隔字串，並儲存兩個資料，通常一個變數可以賦值的資料只有一個，如果想儲存用 Tab 分隔後的兩個資料，可以將 Variant 型的變數變成「**陣列**」，再取得資料，因此宣告為 Variant 型。

❷ 用分隔符號分割（利用 Split 函數）

以下程式碼利用 Split 函數，以 Tab 為界線來分割字串，並傳回變數 arrBuf。

> 陣列的英文是 array，因此變數名稱使用了「arr」字串。處理陣列時，常使用這種命名方法。

```
' 用 Tab 分隔符號分割並儲存
arrBuf = Split(strBuf, vbTab)
```

Split 函數是以指定的字串為界線來分割字串的函數（圖8-12）。

圖 8-12

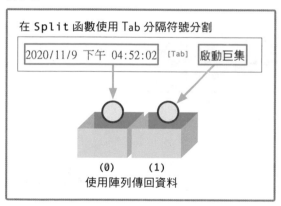

圖 8-12 是在變數 strBuf 儲存「2020/11/9 下午 04:52:02 [Tab] 啟動巨集」，上述程式使用 Tab 分割資料，變成「2020/11/9 下午 04:52:02」、「啟動巨集」等兩項資料（在 Split 函數的第二參數輸入 vbTab 代表 Tab）。

此時，會把兩個資料當作「陣列」回傳。

何謂陣列？

「陣列」可以在變數儲存兩個以上的值。一般常把「變數」比喻成一個箱子，「陣列」比喻成有格子的書櫃。陣列會從櫃子的開頭依序分配 (0),(1),(2)⋯等編號，當作元素數（索引）。

請注意，索引是從 0 開始，不是從 1 開始。

【Split 函數】

使用指定的分隔字元分割字串，並傳回陣列（元素數從 0 開始）

語法：

```
Split(expression, [delimiter])
```

語法：

　　expression：設定包含分隔字元的字串。

　　[delimiter]：把分隔字元設定成字串。這個參數可以省略，省略時，半形空格（" "）為分隔字元。

這裡把用 Split 函數傳回的陣列儲存在前面用 Variant 型宣告的陣列「arrBuf」中。

前面說明過，Variant 型的變數在取得陣列資料時，本身會變成陣列並儲存資料。

❸ 將資料寫入儲存格（利用 Resize 方法）

上面的 ❷ 把分割後的資料儲存在「arrBuf」。以下程式碼把這裡的資料匯出到儲存格內。

```
' 匯出到儲存格
Cells(i, 1).Resize(1, 2) = arrBuf
```

上面使用了 Resize 方法，以下將要說明這個部分。如圖 8-13 所示，輸入 Cells(i,1) 只能設定單一儲存格。可是在

arrBuf 卻把兩個資料儲存成陣列。單一儲存格無法匯入兩個
值，而且右邊的儲存格也要匯入資料。因此這裡利用 Resize
方法擴大儲存格的範圍。

圖 8-13

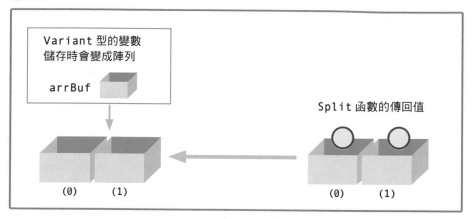

【 Resize方法 】

把儲存格範圍更改成設定的列數、欄數

語法：

儲存格範圍 .Resize(列 ,欄)

語法：

　列：設定成更改後的列數。省略參數時，代表不更改列數。

　欄：設定成更改後的欄數。省略參數時，代表不更改欄數。

由於 arrBuf 在 (0)、(1) 等元素儲存資料，變成陣列，為了
將這兩個資料匯入儲存格內，而寫成

```
Cells(i,1).Resize(1,2)
```

把儲存格範圍擴大成一列兩欄。

這種方法可以在儲存格範圍存放陣列內的多個資料。遇到其他狀況時，也能運用此方法在儲存格範圍存放陣列資料。

補充說明：不曉得陣列的元素數量？

使用前面說明的 Resize 方法可以在儲存格範圍內存放陣列的多個資料。

可是描述成 Resize(1,2)，只有在陣列的元素數量為兩個時，才能匯出資料。如果不曉得陣列的元素數量，利用以下程式碼就能解決。

```
' 將陣列的最大元素數量匯出至儲存格
Cells(i, 1).Resize(1, UBound(arrBuf)+1) = arrBuf
```

上述程式碼使用了 **UBound 函數**。UBound 函數是傳回陣列最大元素數量的函數。

【 UBound 函數 】

傳回陣列的最大元素數量。

語法：

UBound(arrayname)

參數：

　arrayname：設定陣列名稱。

上述程式碼寫成 UBound(arrBuf)，會傳回「1」當作元素數量的最大值。

可能有人會覺得「陣列明明已經儲存了兩個資料，為什麼傳回的最大值會是 1 ？」這是因為陣列的元素是 (0)、(1)…，從 0 開始儲存資料。

由於在 arrBuf 的 (0),(1) 元素儲存資料,所以元素數量的最大值是「1」。

另外,我們想利用 Resize 方法將儲存格範圍擴大成兩欄,所以 Resize 方法的參數必須設定為 UBound(arrBuf)+1。

如上所示,只要使用 UBound 函數,就算不知道陣列的元素數量,也可以在儲存格範圍匯入資料。

補充說明:載入 CSV 檔案,也能用逗號(,)分隔,寫入儲存格內

運用前面「以 Tab 分隔符號分割並寫入工作表」說明過的方法,就能和 CSV 檔案一樣,拆分用逗號(,)分隔的文字檔,寫入儲存格。

此時,把 Split 函數的參數改成 " , " (逗號),寫成 Split(strBuf, ","),就能用逗號分割。但是本節介紹的 Open 陳述式只支援 Big-5 文字編碼,因此 CSV 檔案常用的 UTF-8 編碼利用上述方法讀取後,無法正確顯示,會變成亂碼(圖 8-14)。

圖 8-14:程式變成亂碼

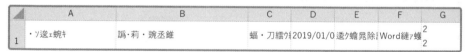

文字編碼是指電腦上表現文字的數值,包括各式各樣的種類,倘若讀取了系統不支援的文字編碼,就無法正確顯示字串,形成「亂碼」。

載入 CSV 檔案時,通常必須考量到文字編碼再輸出,本節介紹的方法只支援 Big-5。

由於這種方法稍微缺少彈性,所以處理 CSV 檔案時,建議使用第 9 章介紹,可以顧及文字編碼,彈性輸出、輸入資料的方法。

第 **9** 章

結合外部資料
擴大運用範圍（2）
CSV 資料篇

輸出、輸入 CSV 檔案，可以在 Excel 上編輯 CSV 檔案或輸出結果！

第 9 章要說明在 Excel VBA 輸出、輸入 CSV 檔案的方法。

CSV（Comma-Separated Values）是指用逗號（,）分隔的文字檔案。

CSV 檔案是從資料庫取得資料時，不論哪種系統都可以處理，只以字串與逗號（,）呈現的通用檔案格式。

【狀況1】在 Excel 載入 CSV 檔案

【狀況2】把 Excel 的表格資料輸出為 CSV 檔案

【狀況1】在 Excel 載入 CSV 檔案

圖 9-1

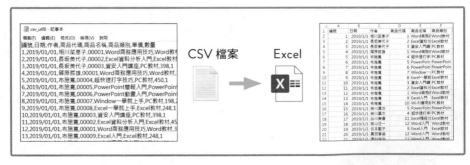

把 CSV 檔案載入 Excel，可以在熟悉的 Excel 上編輯資料，統計或分析資料，執行視覺化圖表等操作（圖 9-1）。

【狀況 2】把 Excel 的表格資料輸出為 CSV 檔案

圖 9-2

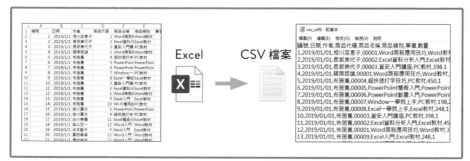

在 Excel 上製作的資料或巨集的處理結果可以輸出成 CSV 檔案（圖 9-2）。

■

接下來要學習在 Excel VBA 操作 CSV 檔案的方法。

\ 開始練習！ /

載入 CSV 檔案

載入 CSV 檔案時要注意「亂碼」

第 8 章「補充說明：載入 CSV 檔案，也能用逗號（,）分隔，寫入儲存格內」提過載入 CSV 檔案的方法，但是這個方法只能載入文字編碼為 Big-5 的檔案，載入 CSV 檔案常見的 UTF-8 或其他文字編碼的檔案時，可能會發生亂碼（圖9-3）。

圖 9-3：亂碼

	A	B	C	D
1	・ﾗ逡ｴ蜿ｷ	謌･莉･豌丞錐	蝠・刀繧ｳ2019,

除此之外，還得注意換行符號（代表換行的代碼）。

如上所示，在 Excel 載入 CSV 檔時，必須先瞭解以下兩點：

- **使用了哪種文字編碼？**
- **使用了哪種換行符號？**

關於換行符號將在 P.251 說明。

採取可以靈活因應的方法很重要。

因此，本章要介紹考量到上述幾點，能靈活解決問題的 VBA 寫法。

物件的參照設定：使用 ADO 的準備工作

本章要使用 **ADO**（`ActiveX Data Objects`）物件輸出、輸入 CSV 檔案。

ADO 是指存取各種資料時，可以使用的技術。使用 ADO 不僅能載入 CSV 檔案，也可以與 Access 資料庫連線。

本書不說明與 Access 或其他資料庫的部分。

如果要使用 ADO，最好先設定物件程式庫的參照設定。請先在 VBE 執行以下操作（圖 9-4）。

---

1. 在 Excel VBE 執行「工具」→「設定引用項目」命令

2. 勾選「Microsoft ActiveX Data Objects x.x Library」，按下「確定」鈕

圖 9-4 顯示為「6.1」，但是這個部分會隨著 Office 的版本而異，請選擇你的電腦顯示的編號。

以上就完成對 ADO 程式庫的參照設定。

圖 9-4

使用 ADO 載入 CSV 檔案

程式 9-1 利用 ADO 程式庫的 ADODB.Stream 物件載入 CSV。此外，載入 CSV 檔案的規格如表 9-1 所示。

表 9-1：文字編碼

文字編碼	UTF-8
換行符號	換行（LF）（後面會再詳細說明）

程式 9-1：〔FILE：9-1.xlsm〕

```
1    ' 使用 ADO 載入 CSV 檔案
2
3    ' 使用 UTF-8 編碼載入 CSV 檔案
4    Sub ReadCsvUtf()
5                                                    ❶ 要載入的檔案路徑
6        ' 要開啟的檔案路徑
7        Dim path As String
8        path = "C:\Users\[ 使用者名稱 ]\Downloads\Chapter9\csv_utf8.csv"
9
10       ' 宣告一個逐列讀取的變數
11       Dim strBuf As String
12
```

接下頁

```
13
14    ' 接收分割資料的變數
15    Dim arrBuf As Variant
16
17    ' 生成 ADODB.Stream 物件
18    Dim adoStr As ADODB.Stream
19    Set adoStr = New ADODB.Stream
20    With adoStr
21        .Charset = "UTF-8"    ' 設定為 UTF-8 編碼
22        .LineSeparator = adLF    ' 換行符號
23        .Open                    ' 開啟一個物件
24        .LoadFromFile path    ' 載入路徑
25
26        ' 迴圈重複到檔案讀取完畢
27        Dim i As Long
28        Do Until .EOS
29            strBuf = .ReadText(adReadLine) ' 逐列儲存
30            i = i + 1
31
32            ' 以逗號分隔並以陣列形式儲存
33            arrBuf = Split(strBuf, ",")
34
35            ' 將陣列內容逐一放入儲存格
36            Cells(i, 1).Resize(1, UBound(arrBuf) + 1).Value = arrBuf
37        Loop
38
39        ' 關閉 Stream 並刪除變數參照
40        .Close
41        Set adoStr = Nothing
42
43    End With
44
45 End Sub
```

❷ 宣告取得文字的變數

❸ 取得 ADODB.Stream 物件，開啟 Stream

❹ 逐列載入文字，用逗點分隔並寫入工作表內

❺ 把 Stream 儲存在檔案內，關閉 ADODB.Stream 物件

圖 9-5：程式的結果

	A	B	C	D	E	F	G	H
1	編號	日期	作者	商品代碼	商品名稱	商品類別	單價	數量
2	1	2019/01/0	相川菜惠子	00001	Word商務應用技巧	Word教材	398	2
3	2	2019/01/0	長坂美代子	00002	Excel資料分析入門	Excel教材	450	2
4	3	2019/01/0	長坂美代子	00003	資安入門講座	PC教材	398	1
5	4	2019/01/0	篠原哲雄	00001	Word商務應用技巧	Word教材	398	1
6	5	2019/01/0	布施寬	00004	超快速打字技巧	PC教材	450	1
7	6	2019/01/0	布施寬	00005	PowerPoint簡報入門	PowerPoin	420	1
8	7	2019/01/0	布施寬	00006	PowerPoint動畫入門	PowerPoin	248	2
9	8	2019/01/0	布施寬	00007	Window一學就上手	PC教材	198	2
10	9	2019/01/0	布施寬	00008	Excel一學就上手	Excel教材	248	1
11	10	2019/01/0	布施寬	00003	資安入門講座	PC教材	398	1

補充說明：注意顯示格式！

在「商品代碼」欄顯示了「00001」等號碼，編輯儲存格並確定後，開頭的「0000」就會被省略，並自動變成「1」。這是因為儲存格的顯示格式為「一般」，如果要避免上述現象，必須將「商品代碼」D 欄的顯示格式改成「文字」。

因此在程式 9-1 的 End Sub 前面，最好追加以下程式碼。

```
' 將 D 欄的數值格式改為「文字」
Columns("D").NumberFormatLocal = "@"
```

程式 9-1 的流程如下所示，以下將分別說明各個程式碼。

① 把要載入的檔案路徑儲存在變數內

② 宣告暫時讀取文字的變數

③ 生成 ADODB.Stream 物件，開啟 Stream

④ 逐列載入文字，用逗點分隔並寫入工作表

⑤ 把 Steam 儲存成檔案並關閉 ADODB.Stream 物件

❶ 把要載入的檔案路徑儲存在變數內

以下程式碼是把要載入的 CSV 檔案路徑儲存在變數「path」內。

「使用者名稱」必須更換成 Windows 的使用者名稱。

```
' 要開啟的檔案路徑
Dim path As String
path = "C:\Users\[ 使用者名稱 ]\Downloads\Chapter9\csv_utf8.csv"
```

❷ 宣告暫時讀取文字的變數

以下程式碼分別宣告了暫時讀取字串的變數。

```
' 宣告一個逐列讀取的變數
Dim strBuf As String

' 接收分割資料的變數
Dim arrBuf As Variant
```

❸ 生成 ADODB.Stream 物件，開啟 Stream

以下程式碼輸入了生成載入資料的 **ADODB.Stream 物件**，然後開啟物件（開始使用）。

```
' 生成 ADODB.Stream 物件
Set adoStr = New ADODB.Stream
With adoStr
    .Charset = "UTF-8"   ' 設定為 UTF-8 編碼
    .LineSeparator = adLF ' 換行符號
    .Open                 ' 開啟一個物件
    .LoadFromFile path   ' 載入路徑


    ' 處理內容


' 關閉 Stream 並刪除變數參照
```

```
      .Close
      Set adoStr = Nothing

  End With
```

Stream 物件是指可以處理各種文字資料的物件。在 Stream 物件載入文字檔，設定文字編碼或換行符號，可以逐列取得文字。此時必須設定幾個屬性（表 9-2）。使用 Stream 物件載入 / 關閉檔案時，必須使用這些屬性及方法。

表 9-2：Stream **物件的屬性**

屬性及方法	說明
Charset 屬性	用字串設定文字檔的文字編碼，可以根據文字編碼設定成 "UTF-8"、"Big-5"、"Unicode"（預設為 "Unicode"）
LineSeparator 屬性	用數值設定換行符號（後續說明），可以使用以下數值當作常數。 adCR（值：13）Carriage Return（返回） adLF（值：10）Line Feed（換行） adCRLF（值：-1）CR ＋ LF
Open 方法	開啟 Stream 物件。「開啟」是指開始操作資料的狀態
LoadFromFile 方法	在 Stream 載入用參數設定路徑的檔案
Close 方法	關閉 Stream 物件 「關閉」是指結束操作資料的狀態

何謂換行符號？

表 9-2 說明了 LineSparator **屬性**。「Carriage Return」與「Line Feed」是什麼？

CSV 檔案等文字檔顯示的換行符號會隨著系統而異。如果**換行符號**不一致就載入 CSV 檔案，會造成應該換行的地方不會換行。換行符號主要有三種（表 9-3）。

表 9-3：換行符號的種類

CR（Carriage Return，返回）	游標回到左側
LF（Line Feed，換行）	游標往下移動一行
CR+LF（返回＋換行）	包括上述兩者

如果要查詢載入文字檔案的換行符號，其中一種方法是使用記事本開啟檔案。圖 9-6 是用記事本開啟這次範例檔案「csv_utf8.csv」的狀態，可以瞭解換行符號顯示為「LF」。

圖 9-6：程式使用記事本開啟「csv_utf8.csv」的結果

顯示為 Unix(LF)

❹ 逐列載入文字，用逗點分隔並寫入工作表

以下是逐列處理載入 Stream 物件的資料並寫入儲存格的程式碼。

```
' 迴圈重複到檔案讀取完畢
Dim i As Long
Do Until .EOS
    strBuf = .ReadText(adReadLine) ' 逐列儲存
    i = i + 1

    ' 以逗號分隔並以陣列形式儲存
    arrBuf = Split(strBuf, ",")

    ' 將陣列內容逐一放入儲存格
    Cells(i, 1).Resize(1, UBound(arrBuf) + 1).Value = arrBuf
Loop
```

第 8 章「**載入文字檔**」已經說明過 Do Until 迴圈（P.233），這裡省略詳細解說。

```
Do Until .EOS
    ' 處理內容
Loop
```

以上程式碼是指迴圈處理到 EOS（文字檔的尾端）為止。

此外，strBuf = .ReadText(adReadLine) 使用了 **ReadText 方法**，把一列資料儲存在變數 strBuf。利用參數設定值，可以設定要逐列載入或載入全文。

【ReadText 方法】

從 Stream 物件傳回一列或全文

語法：

Stream 物件 .ReadText（NumChars）

參數：

參數 NumChars 可以使用以下常數。

adReadAll（值：-1） 從 Stream 傳回全文。省略參數時，會預設成這個值。

adReadTime（值：-2）從 Stream 傳回一列

---

❺ 把 Steam 儲存成檔案並關閉 ADODB.Stream 物件

這個部分與 ❸ 說明的內容重複，但是以下程式碼是關閉物件，在物件變數的參照賦值 Nothing。

```
' 關閉 Stream 並刪除變數參照
.Close
Set adoStr = Nothing
```

以上利用 ADODB.Stream 物件載入了 CSV 檔案。上述方法
能靈活因應文字編碼及換行符號，請務必使用看看。

\ 開始練習！ /

輸出 CSV 檔案

接著要介紹從 Excel 工作表輸出 CSV 檔案的方法。程式 9-2
是輸出文字編碼為 UTF-8，換行符號是 LF 的 CSV 檔案。

程式 9-2 ： [FILE： **9-2.xlsm**]

```vba
1   ' 使用 UTF8 輸出 CSV
2   Sub WriteCsv_utf8()
3
4       ' 取得工作表的最後一列
5       Dim maxRow As Long
6       maxRow = Cells(Rows.Count, 1).End(xlUp).Row
7
8       ' 要載入的檔案路徑
9       Dim path As String
10      path = "C:\Users\[ 使用者名稱 ]\Downloads\Chapter9\csv_utf8.csv"
11
12      ' 逐列取得文字的變數
13      Dim strBuf As String
14
15      ' 生成 ADODB.Stream 物件
16      Dim adoStr As ADODB.Stream
17      Set adoStr = New ADODB.Stream
18      With adoStr
19          .Charset = "UTF-8"          ' 文字編碼
20          .LineSeparator = adLF       ' 換行符號
21          .Open               ' 開啟 Stream
```

❶ 取得工作表的最後一列，儲存輸出
檔案的路徑

❷ 取得 ADODB.Stream 物件，開啟
Stream

22	
23	
24	
25	

❸ 用逗點逐列合併工作表的儲存格值
並增加到 Stream

```vba
' 輸出工作表直到最後一列
Dim i As Long
For i = 1 To maxRow

    ' 前面 7 欄加上逗號
    Dim j As Long
    For j = 1 To 7
        strBuf = strBuf & Cells(i, j).Value & ","
    Next j

    ' 第 8 欄不需要逗號
    strBuf = strBuf & Cells(i, j).Value

    ' 增加一列
    .WriteText strBuf, adWriteLine

    ' 重置變數
    strBuf = ""

Next i

' 存檔（覆蓋現有檔案）
.SaveToFile path, adSaveCreateOverWrite

' 關閉 Stream 並刪除變數物件參照
.Close
Set adoStr = Nothing

    End With

End Sub
```

❹ 把 Stream 輸出成檔案並關閉
Stream

圖 9-7：程式輸出結果（使用 Notepad++ 開啟 csv_utf8.csv）

整個程式 9-2 的流程如下所示

1. 取得工作表的最後一列儲存在變數內 / 把要輸出的檔案路徑儲存在變
   數內

2. 生成 ADODB.Stream 物件，開啟 Stream

3. 用逗點逐列合併工作表的儲存格值並增加到 Stream

4. 把 Stream 輸出成檔案並關閉 Stream

以下要分別說明這些程式碼。

❶ 取得工作表的最後一列儲存在變數內 / 把要輸出的
檔案路徑儲存在變數內

以下程式碼會將 Excel 工作表的最後一列儲存在變數
maxRow，同時也把要輸出的檔案路徑儲存在變數 path 內。

「使用者名稱」必須
根據 Windows 使用
者名稱來更改。

```
' 取得工作表的最後一列
Dim maxRow As Long
maxRow = Cells(Rows.Count, 1).End(xlUp).Row

' 要載入的檔案路徑
Dim path As String
'path = "C:\Users\[ 使用者名稱 ]\Downloads\Chapter9\csv_utf8_.csv"
```

❷ 生成 ADODB.Stream 物件，開啟 Stream

利用以下程式碼生成 **Stream 物件**，在屬性設定文字編碼及換行符號。

```
' 生成 ADODB.Stream 物件
Dim adoStr As ADODB.Stream
Set adoStr = New ADODB.Stream
With adoStr
    .Charset = "UTF-8"        ' 文字編碼
    .LineSeparator = adLF     ' 換行符號
    .Open           ' 開啟 Stream
```

分別在 **Charset** 屬性設定文字編碼，在 **LineSeparator** 屬性設定換行符號，利用 **Open** 方法開啟 **Stream**，這一點和開啟檔案時一樣。

❸ 用逗點逐列合併工作表的儲存格值並增加到 Stream

以下用逗點合併工作表的每一列儲存格值並增加到 **Stream** 的程式碼。

```
' 輸出工作表直到最後一列
Dim i As Long
For i = 1 To maxRow

    ' 前面 7 欄加上逗號
    Dim j As Long
    For j = 1 To 7
        strBuf = strBuf & Cells(i, j).Value & ","
    Next j

    ' 第 8 欄不需要逗號
    strBuf = strBuf & Cells(i, j).Value

    ' 增加一列
```

接下頁

```
      .WriteText strBuf, adWriteLine

      ' 重置變數
      strBuf = ""

   Next i
```

上面在註解記載了「前面7欄加上逗號」及「第8欄不需要
逗號」，以下將搭配圖9-8來說明。

圖 9-8

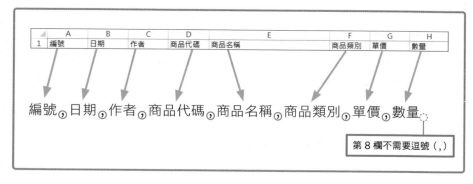

合併 A 欄～ H 欄的資料時，分別在資料後面加上逗點（,）。
可是最後的 H 欄（第 8 欄）不用加上逗點。

因此宣告變數 j，從第 1 ～ 7 列為止，在 For j = 1 To 7 的
迴圈內輸入 strBuf = strBuf & Cells(i, j).Value
&","，加上 ","。

只有第 8 欄不用加上 ","，所以描述為 strBuf = strBuf
& Cells(i, j).Value。

藉由上述的程式碼，在變數 strBuf 儲存一列用逗點分隔的字
串，這一列字串要追加到 Stream。

```
' 增加一列
.WriteText strBuf, adWriteLine
```

利用 Stream 物件的 **WriteText 方法**，在 Stream 追加一列字串。在 Stream 物件的結構上，不會直接將每一列寫入檔案內，而是先把每列資料儲存在 Stream 物件，等全部完成後，才把所有資料寫入檔案。因此，上面只不過是把資料加入 Stream 物件內，沒有寫入檔案。

【 WriteText 方法 】

將字串寫入 Stream。

語法：

Stream 物件 .WriteText Data

參數：

　　Data：指定寫入的字串資料。

---

❹ 把 Stream 輸出成檔案並關閉 Stream

最後從 Stream 輸出檔案，關閉 Stream（結束資料操作）的程式碼如下所示。

```
' 存檔（覆蓋現有檔案）
.SaveToFile path, adSaveCreateOverWrite

' 關閉 Stream 並刪除變數物件參照
.Close
Set adoStr = Nothing
```

前面說明過，之前的程式碼是把每一列資料暫存在 Stream 物件內，因此最後要用 SaveToFile 方法執行輸出檔案的處理。

因此寫成 SaveToFile path, adSaveCreateOverWrite，
把儲存在變數 path 內的路徑輸出成檔案，假如有相同檔名的
檔案就覆寫。

■

利用以上方法就可以從 Excel 工作表輸出 CSV 檔案。

這次的程式範例設定了文字編碼 UTF-8，換行符號設定為
LF，如果是 ADODB.Stream 物件，只要更改屬性，也能改成
其他文字編碼、換行符號。請根據狀況善用上述方法。

第10章

利用容錯力強大的巨集提高易用性

建立方便其他使用者使用的巨集
非常重要

第 10 章與第 11 章要說明對使用者而言容易使用的巨集。

如果你才剛開始開發個人的巨集,使用者通常都只有你自己。但當你開發出更方便的巨集,讓別人使用的機會也會增加。這本書將以其他人也能容易使用的巨集為必要元素,講解以下內容。

第 10 章　容錯力強大(巨集不會因為錯誤而停止)

第 11 章　執行時間短且快速

製作容錯力強大的巨集

本章將以「製作容錯力強大的巨集」為主題來說明。Excel 的巨集一旦發生執行錯誤,就會強制停止,顯示訊息(圖 10-1)。

巨集的開發者只會覺得「啊~發生錯誤了,必須修改才行…」可是其他使用者(尤其是不瞭解巨集的人)看到錯誤訊息,通常只會覺得很困擾,不曉得該如何操作。倘若頻繁出錯,導致巨集停止,別人也會對巨集開發者產生疑慮。

圖 10-1

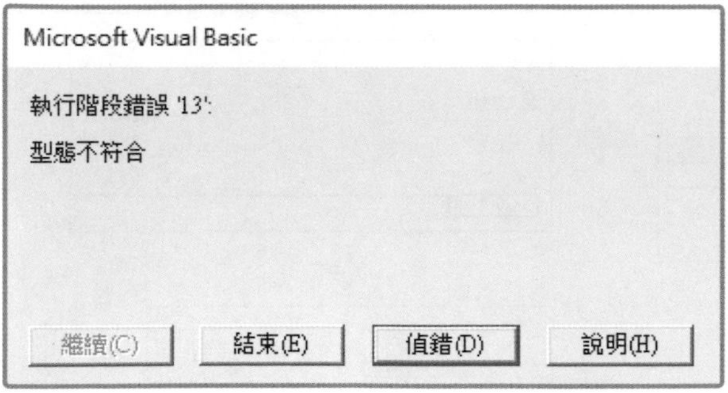

```
Microsoft Visual Basic

執行階段錯誤 '13':
型態不符合




  繼續(C)      結束(E)      偵錯(D)      說明(H)
```

這裡將以容易發生錯誤的範例來說明以下解決方法。

☑ 容易成為錯誤溫床的巨集範例。

☑ 撰寫不會發生錯誤，可以防範未然的程式。

☑ 即使發生錯誤，也可以處理的結構（On Error Resume Next）。

☑ 發生錯誤時，跳到另一個處理程序（On Error GoTo）。

接下來將逐一說明各個重點。

＼ 請注意！／

容易成為錯誤溫床的巨集範例

以下將列舉容易發生錯誤的巨集範例，把問題具體化。

這裡要解說執行圖 10-2 的巨集（程式 10-1）。

圖 10-2

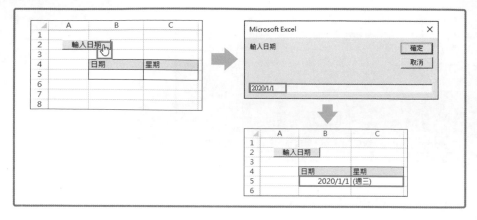

巨集概要

在 InputBox（可輸入的視窗）輸入日期並確定，會在工作表
上的儲存格輸出日期與星期。

程式 10-1：[FILE：**10-1_to_10-2.xlsm**]

```
1    ' 在 Inputbox 中輸入日期 --> 輸出星期幾
2    Sub DateInput()
3
4        ' 在 Inputbox 中輸入日期
5        Dim valDate As Date
6        valDate = InputBox(" 輸入日期 ", Default:="yyyy/m/d")
7
8        ' 填入儲存格
9        Range("B5").Value = valDate
10
11       ' 換算為星期幾
12       Range("C5").Value = Format(valDate, "(aaa)")
13
14   End Sub
```

乍看之下，這個巨集似乎可以正常執行，其實卻很容易發生
問題。

例如：在 InputBox 輸入「明天」，按下「確定」鈕，執行巨集時，就會因為錯誤而停止（圖 10-3）。

圖 10-3

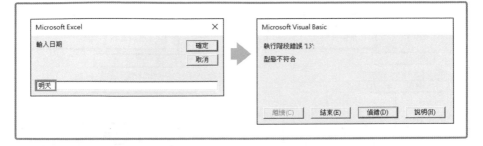

這是輸入資料與變數類型不一致所造成的錯誤。

變數「valDate」宣告為 Date 型。Date 型可以賦值為電腦能辨識成「日期」的格式（例如，"2020/1/1" 或 "2020 年 1 月 1 日 " 等）。可是，「明天」這種字串不是電腦可以辨識為日期的格式，所以無法賦值，結果造成錯誤。

以下列舉了上述巨集會發生錯誤的例子及原因（表 10-1）。

表 10-1 ： **程式 10-1 發生錯誤的例子及原因**

錯誤案例	原因
使用者按下「取消」鈕或「×」鈕，發生「型態不符合」的錯誤	InputBox 函數當使用者按下「取消」鈕或「×」鈕時，會把 ""（空白字串）當作傳回值。變數 valDate 是 Date 型，可是電腦不會把 "" 字串辨識為日期格式，結果造成型態不一致的錯誤
使用者輸入「20220101」、「中華民國一百一十一年一月一日」等資料時，會發生「型態不符合」的錯誤	「20220101」、「中華民國一百一十一年一月一日」等字串乍看之下好像可以辨識為日期資料，但是電腦也無法辨識為日期格式，因此出現型態不一致的錯誤

補充說明：確認是否能以 Date 型賦值的格式

圖 10-4

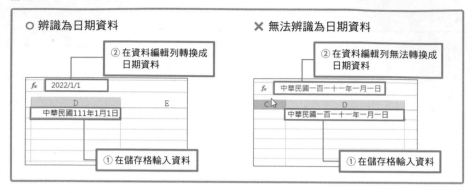

圖 10-4 左邊是在儲存格輸入「中華民國 111 年 1 月 1 日」並確定後的結果，可以瞭解若能在資料編輯列上轉換成「2022/1/1」的日期資料，就能辨識為日期格式。

可是圖右的例子在儲存格輸入「中華民國一百一十一年一月一日」，不會轉換成日期資料，資料編輯列也會直接顯示「中華民國一百一十一年一月一日」字串，可以瞭解這是電腦不會辨識為日期資料的格式。

■

由此可知，當使用者輸入意料之外的資料，或按下「取消」鈕等操作時，就會發生錯誤。該如何改善呢？

\ 開始練習！/

撰寫不會發生錯誤，可以防範未然的程式

以下將列舉改善程式的範例，避免發生上一節提到的錯誤。

發生上一節的錯誤主要有兩個原因。

> ☒ 使用者輸入無法辨識為日期資料的字串時
> （例如：「明天」、「20220101」、「民國一百一十一年一月一日」等）
>
> ☒ 使用者按下「取消」鈕或「×」鈕時

以下方法可以避免發生這些錯誤。

> ☒ 輸入非日期的資料時，不會因錯誤而停止，會執行其他處理。
>
> ☒ 就算使用者按下「取消」鈕或「×」鈕也不會出現錯誤而停止，會執行
> 其他處理。

根據上述方法寫成的程式範例為程式 10-2。

程式 10-2：[FILE：**10-1_to_10-2.xlsm**]

```vba
1    ' 預防發生錯誤
2    Sub DateInput2()
3
4        ' 宣告為 Variant，避免型態不一致
5        Dim valDate As Variant                                    ❶
6        valDate = InputBox(" 輸入日期 ", Default:="yyyy/m/d")
7
8        ' 檢查輸入值是否為日期
9        If IsDate(valDate) Then
10
11           ' 分別填入日期與星期
12           Range("B5").Value = valDate
13           Range("C5").Value = Format(valDate, "(aaa)")          ❷
14
15       Else
16
17           MsgBox " 已經按下取消 " & vbCrLf & _
18                  " 或是因為日期格式不正確而取消 "
```

接下頁

```
19
20          End If
21
22   End Sub
```

圖 10-5 是輸入非日期格式的資料或按下「取消」鈕時的結果。

圖 10-5：程式的結果

程式 10-2 修改了以下幾點。

❶ 使用 Variant 型宣告變數，避免型態不一致的問題

❷ 使用 IsDate 函數判斷變數的值是否為日期格式

以下將分別說明這兩點。

❶ 使用 Variant 型宣告變數，避免型態不一致的問題

將變數宣告改為 Variant 型而非 Date 型，不論使用者輸入任何資料，都可以暫時儲存在變數裡。

> 這個技巧並無法適用於所有巨集開發狀況，卻是一種有效改善此次範例的作法。

```
' 宣告為 Variant，避免型態不一致
Dim valDate As Variant
valDate = InputBox(" 輸入日期 ", Default:="yyyy/m/d")
```

Variant 型的變數是儲存值時決定實際型態的變數。

例如：使用者輸入 "2022/1/1" 時，會當作日期資料處理，因此變數 valDate 會以 Date 型儲存資料。

然而，當使用者輸入 " 明天 "、"20220101"、" 民國一百一十一年一月一日 " 等值時，不會辨識為日期資料，而是當成字串資料處理，因此變數 valDate 會以 String 型儲存資料。

發生錯誤的程式 10-1 將變數宣告為 Date 型，所以輸入非日期格式的資料時，就會因為型態不一致而停止巨集。可是這次的程式 10-2 把變數宣告為 Variant 型，即使輸入了非日期格式的資料，巨集也不會因為錯誤而立刻停止。

❷ 使用 IsDate 函數判斷變數的值是否為日期格式

接著是利用 **IsDate 函數**判斷儲存在變數 valDate 的值是否為日期資料的程式碼。

```
' 判斷變數的值是否為日期
If IsDate(valDate) Then

    'True 時的處理

Else

    'False 時的處理（包含按下「取消」鈕的情況）

End If
```

IsDate 函數是判斷參數設定的值是日期或時間的 VBA 函數。

【 IsDate 函數 】

參數設定的值可以辨識為日期或時間時傳回 True，如果不是則傳回 False。

接下頁

語法：

IsDate(expression)

參數：

expression：日期或字串

If IsDate(valDate) Then 是 If IsDate(valDate)
= True Then 條件式的省略型。利用這個條件式，如果變數
valDate 的值可以辨識成日期格式為 True，並執行之後的程
式碼；若不是則為 False，會執行 Else 之後的程式碼。

此外，按下「取消」鈕或「×」鈕時，valDate 會賦值為
""（空白字串）這個條件為 False，因此按下「取消」鈕或
「×」鈕，也會執行 Else 之後的程式碼。

補充說明

這次的 IsDate 函數是判斷資料是否能辨識為日期的函數。除此之外，還有可
以判斷資料是否為整數的 IsNumeric 函數，有機會的話請運用看看。

不管使用者輸入任何值，巨集都不會停止的方法

修改程式碼之後，可以解決因錯誤讓巨集停止的問題。不過這
種使用者可以輸入任意值的巨集，可能出現開發者沒想過的
值。防止這種錯誤的方法之一，就是先用 Variant 型宣告變
數，儲存值之後，再檢查資料格式。

當然，並不是所有情況都要宣告為 Variant 型並儲存值，請
視狀況分別運用。

\ 鐵則！/

即使發生錯誤也可以處理的結構
（On Error Resume Next）

上一節介紹的是避免發生錯誤的方法，但是本節要說明即使發生錯誤，仍會繼續執行程式，並根據有無錯誤，執行不同處理的方法。

程式 10-3 是符合上述條件的具體程式範例。

程式 10-3 ： [FILE ： **10-3.xlsm**]

```vba
' 即使發生錯誤也能繼續執行 (Resume Next)
Sub DateInput3()

    ' 將變數型態宣告為 Date
    Dim valDate As Date

    ' 啟用錯誤處理程序
    On Error Resume Next
    valDate = InputBox(" 輸入日期 ", Default:="yyyy/m/d")

    ' （用於偵錯）輸出 Err 物件的屬性
    Debug.Print Err.Number, Err.Description

    ' 如果沒有錯誤發生
    If Err.Number = 0 Then
        ' 填入日期與星期
        Range("B5").Value = valDate
        Range("C5").Value = Format(valDate, "(aaa)")
    Else
    ' 如果發生錯誤
        MsgBox " 已經按下取消 " & vbCrLf & _
                " 或是因為日期格式不正確而取消 "
    End If
```

❶
❷
❸

接下頁

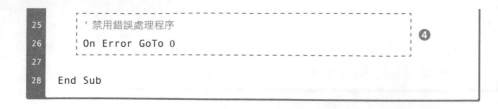

```
25      ' 禁用錯誤處理程序
26      On Error GoTo 0                                    ❹
27
28  End Sub
```

圖 10-6：程式的結果（發生錯誤時）

以下是上述程式的重點。

❶ 即使發生錯誤仍能持續執行（On Error Resume Next 陳述式）

❷ 確認錯誤資料（Err 物件）

❸ 根據有無錯誤執行個別處理

❹ 關閉錯誤處理程序

以下將分別說明各個重點。

❶ 即使發生錯誤仍能持續執行
（On Error Resume Next 陳述式）

以下程式範例先將變數宣告為 Date 型。

```
' 將變數型態宣告為 Date
Dim valDate As Date
```

和程式 10-1 一樣，使用者輸入非日期格式的資料，或按下「取消」鈕時，會發生變數型態不一致的錯誤。

可是先寫出 On Error Resume Next 陳述式，巨集就不會因為錯誤而停止，會繼續執行之後的程式碼。

```
' 啟用錯誤處理程序
On Error Resume Next
valDate = InputBox(" 輸入日期 ", Default:="yyyy/m/d")
```

簡單來說，**On Error Resume Next 陳述式**的意思是「即使在這個宣告後發生錯誤，巨集也不會停止，會繼續執行」。

如此一來，即使下一行在 InputBox 輸入非日期格式的資料，巨集也不會因錯誤而停止，能繼續執行後續的程式碼。

不過若這裡發生錯誤，執行後面的程式碼時，就會包含錯誤，因此必須採取對策（這種假設錯誤描述處理的程式稱作**錯誤處理程序**。利用 On Error Resume Next 陳述式等就可以啟動錯誤處理程序。此外，這也稱作錯誤捕捉，因為這就像是設下陷阱一樣等待錯誤發生）。

❷ 確認錯誤資料（Err 物件）

Excel VBA 在執行時若發生錯誤，會把各種資料儲存在 Err 物件內。

以下程式碼是設定 **Err 物件**的屬性，輸出與錯誤有關的資料。

```
' （用於偵錯）輸出 Err 物件的屬性
Debug.Print Err.Number, Err.Description
```

上面的程式利用 Debug.Print 方法輸出儲存錯誤代碼的 Err.Number 屬性，以及儲存簡單錯誤說明的 Err Description 屬性（表 10-2）。

結果發生錯誤時，會在即時運算視窗輸出錯誤代碼及錯誤
說明。

圖 10-7

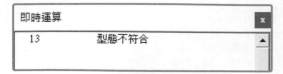

這裡使用了 Debug.Print 方法來偵錯，
所以錯誤代碼及錯誤說明會輸出到只有
開發人員可以瀏覽的即時運算視窗。
假如要讓使用者也能瀏覽，可以使用
MsgBox 函數。

表 10-2： Err 物件常用的屬性

Description	簡單的錯誤說明
Number	錯誤代碼的數值

以下列出了常見的錯誤狀況（表 10-3）

表 10-3：常見的錯誤代碼

錯誤代碼	錯誤說明	常見原因
9	索引超出範圍	在 Worksheets() 的參數設定了不存在的工作名稱或工作表號碼
11	除數為 0	描述了除以 0 的計算
13	型態不一致	資料與變數的型態不一致
91	沒有設定物件變數或 With 區塊變數	儲存在物件變數時，忘記使用 "Set" 陳述式，沒有在物件變數賦值，卻使用了方法及屬性
438	此物件不支援此屬性或方法	設定了不存在的屬性名稱及方法名稱
1004	應用程式定義或物件定義錯誤	把 Cells 的參數設定為 0，或因為輸入錯誤而寫出錯誤的程式碼等

❸ 根據有無錯誤執行個別處理

前面説明過，發生錯誤時，會將資料儲存在 Err 物件。

Err.Number 屬性會儲存錯誤代碼，假如沒有發生錯誤，Number 屬性預設為 0。因此可以寫出以下程式碼，判斷是否發生錯誤。

```
If Err.Number = 0 Then

    ' 沒有發生錯誤時的處理

Else

    ' 發生錯誤時的處理

End If
```

Err.Number = 0 代表沒有發生錯誤，所以在 Else 之前描述沒有發生錯誤時的處理。

反之，如果不是 Err.Number = 0，代表發生錯誤，會在 Number 屬性儲存錯誤代碼。因此 Else 後面會寫出發生錯誤時的處理。

補充說明：如何描述支援特定錯誤代碼的錯誤處理？

前面的程式範例為了方便起見，假設「錯誤代碼不是 0，發生了某種錯誤」，描述了錯誤處理，可是這種判斷方法有些粗糙，因為有時我們必須針對特定錯誤代碼來執行錯誤處理。此時有個方法可以依照以下條件來執行處理。

```
Select Case Err.Number

    Case 13
        ' 錯誤代碼 13 的處理

    Case 91
        ' 錯誤代碼 91 的處理

    Case Else
        ' 非上述兩種錯誤代碼的處理

End Select
```

❹ 關閉錯誤處理程序

這裡利用 On Error Resume Next 陳述式啟用錯誤處理程序，描述發生錯誤時的處理。可是如果一直保持這樣，之後就算發生錯誤，巨集也不會停止。因此最後要加上關閉錯誤處理程序的程式碼。

```
' 禁用錯誤處理程序
On Error GoTo 0
```

利用上述程式碼可以關閉錯誤處理程序。On Error GoTo 陳述式將在下一節「發生錯誤時，跳到另一個處理程序（On Error GoTo）」詳細說明。這裡只要先記住設定為「0」，可以關閉錯誤處理程序即可。

■

上面介紹了即使發生錯誤，巨集也不會停止，會繼續執行程式碼，並以錯誤代碼判斷條件，再分別進行處理的方法。

發生錯誤時，跳到另一個處理程序
（On Error GoTo）

本節要說明發生錯誤時，跳到另一個處理程序的方法。

符合上述說明的具體程式範例如下所示（程式10-4）。

程式10-4： [FILE：**10-4.xlsm**]

```
1    ' 發生錯誤時，跳到另一個處理程序 (On Error GoTo)
2    Sub DateInput4()
3
4        Dim valDate As Date
5
6        ' 出現錯誤時，跳到 "myError"
7        On Error GoTo myError                                      ❶
8        valDate = InputBox(" 輸入日期 ", Default:="yyyy/m/d")
9
10       ' 填入日期與星期
11       Range("B5").Value = valDate
12       Range("C5").Value = Format(valDate, "(aaa)")
13
14       Exit Sub                                                   ❸
15
16       ' 如果發生錯誤
17   myError:
18
19       MsgBox " 已經按下取消 " & vbCrLf & _                        ❷
20               " 或是因為日期格式不正確而取消 "
21
22   End Sub
```

圖 10-8：程式的結果（發生錯誤時）

程式 10-4 有以下三個重點。

---

❶ 發生錯誤時，跳到另一個處理程序（On Error GoTo）

❷ 發生錯誤時的處理

❸ 別忘記 Exit Sub 陳述式

接下來將分別說明。

❶ 發生錯誤時，跳到另一個處理程序（On Error GoTo）

輸入以下程式碼，發生錯誤時，就會跳至「myError」標籤，繼續執行後面的程式碼。

```
' 出現錯誤時，跳到 "myError"
On Error GoTo myError
valDate = InputBox(" 輸入日期 ", Default:="yyyy/m/d")
```

【 On Error GoTo 】

後面的程式碼發生錯誤時，執行用標籤設定的程式碼

語法：

```
On Error GoTo line
```

參數：

　　`line`：可以設定任何標籤名稱

　　這裡設定為「`0`」，可以關閉錯誤處理程序。

簡單來説，`On Error GoTo myError` 就是宣布「之後執行時若發生錯誤，就跳到 `myError` 標籤，執行後面的程式碼」。

這個程式範例設定了「`myError`」標籤，此標籤名稱可以是任意名稱。接著要説明跳至其他地方的程式碼。

> 標籤只是程式碼上像標記的字串，本身並不是執行某項處理的程式碼。

❷ 發生錯誤時的處理

如果發生錯誤就執行以下程式碼。

```
' 如果發生錯誤
myError:

    MsgBox " 已經按下取消 " & vbCrLf & _
            " 或是因為日期格式不正確而取消 "

End Sub
```

設定標籤名稱時，必須在標籤名稱後面加上「`:`」，例如：`myError:`。

❸ 別忘記 Exit Sub 陳述式

別忘了在上面的標籤名稱前面描述 Exit Sub 陳述式。

在 On Error GoTo 陳述式輸入錯誤處理時，必須先在標籤名稱前面輸入 Exit Sub，否則執行巨集時，萬一沒有發生錯誤，就會連同標籤名稱之後的錯誤處理程式碼在內，一直執行到最後的程序為止。

重點整理 製作容錯力強大的巨集

本章解說了各種方法，可以製作出容錯力強大的巨集，圖 10-9 把這些方法整理成圖表。

圖 10-9

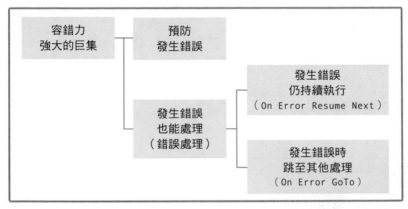

這些方法沒有好壞之別，只是會隨著用法而有優缺點。

基本上，最重要的是「預防發生錯誤」。不過有時也必須採取「即時發生錯誤仍能處理（錯誤處理）」的方法。

請先瞭解各種方法，再依照情況分別使用即可。

第 **11** 章

加快巨集的速度，提高易用性

縮短巨集的
執行時間

本章將以「加快巨集的速度」為主題。

即使結果一樣，巨集的執行速度也會隨著程式寫法而有天壤之
別。例如，本章要介紹的「分割 5 萬筆郵遞區號，輸出至儲存
格的巨集」，原本處理時間將近一分鐘，改善程式之後，縮短
成一秒不到就執行完畢。只要改變程式，巨集的執行速度可以
加快 60 倍以上。因此，這裡將以處理時間較長的巨集為例，
說明改善執行速度的方法。

這是在筆者使用的電
腦環境下執行的結
果，實際上會隨著執
行環境而有差異。

> ☑ 利用工作表函數執行高速處理（WorksheetFunction）
>
> ☑ 利用陣列進行高速處理
>
> ☑ 如果處理時間較久，就顯示進度條

\ 鐵則！/

利用工作表函數執行高速處理
（WorksheetFunction）

這裡要說明利用工作表函數，高速處理巨集的方法。

在 VBA 使用的函數包括「**VBA 函數**」及「**工作表函數**」兩種
（表 11-1）。

表 11-1

VBA 函數	可以在 VBA 直接使用的函數	MsgBox、Year、DateSerial 等
工作表函數	可以在工作表上使用的函數，在儲存格直接輸入後會傳回結果	SUM、AVERAGE、VLOOKUP、COUNTIF 等

VBA 函數

VBA 函數可以在 VBA 直接使用，包括 MsgBox 函數、Year 函數等。

工作表函數

工作表函數是可以在 Excel 的工作表使用的函數，包括 SUM 函數、VLOOKUP 函數等。在 Excel 工作表的儲存格輸入工作表函數後，會傳回結果至儲存格（圖 11-1）。

圖 11-1

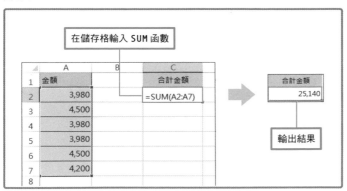

在 VBA 也可以使用工作表函數，以下是 VBA 的程式範例。

```
Range("C2").Value = WorksheetFunction.Sum(Range("A2:A7"))
```

如上所示，輸入 WorksheetFunction. 函數名稱（參數），就可以在 VBA 上使用工作表函數。使用工作表函數有以下幾個優點。

優點

1. 可以簡單描述複雜的處理

只用 VBA 編寫程式碼,處理過程會變得很複雜,但是利用工作表函數卻能變簡單。

2. (通常)處理速度快

相同的處理內容,利用工作表函數的執行速度會比只用 VBA 還來得快速,通常短時間就能處理完畢。

注意事項

1. 必須注意參數的輸入方法和工作表不同

例如,在工作表上輸入工作表函數時,於參數輸入的儲存格範圍為「A2:A7」,但是在 VBA 必須寫成「Range("A2:A7")」。

2. 偵錯較不易

例如圖 11-2 是在 VBA 使用 VLOOKUP 函數搜尋,卻找不到搜尋值時發生的錯誤。

圖 11-2

究竟是參數設定錯誤,還是只是找不到搜尋值,我們很難確定發生錯誤的原因。基於這個因素,我們在使用 VLOOKUP 函數等參數數量較多的工作表函數時,必須特別留意。

接下來要說明在 VBA 使用工作表函數的方法。

案例 1：使用 VLOOKUP 函數進行快速搜尋

為了進行案例研究，這裡準備了 5 萬筆虛構的通訊錄資料。此次的範例是，搜尋特定的郵遞區號，取得地址當作字串的巨集（圖 11-3）。

圖 11-3

例：搜尋郵遞區號 "939-1535"，輸出對應的地址 1

巨集概要

- 在 D 欄「郵遞區號」搜尋與「939-1535」一致的儲存格。

- 發現一致的儲存格，就利用 Debug.Print 輸出 E 欄「地址 1」的值。

比較沒有使用 VLOOKUP 函數的情況

以下比較了沒有使用工作表函數「VLOOKUP 函數」，只執行迴圈處理的程式範例，以及使用 VLOOKUP 函數的程式範例（圖 11-4、表 11-2）。

圖 11-4

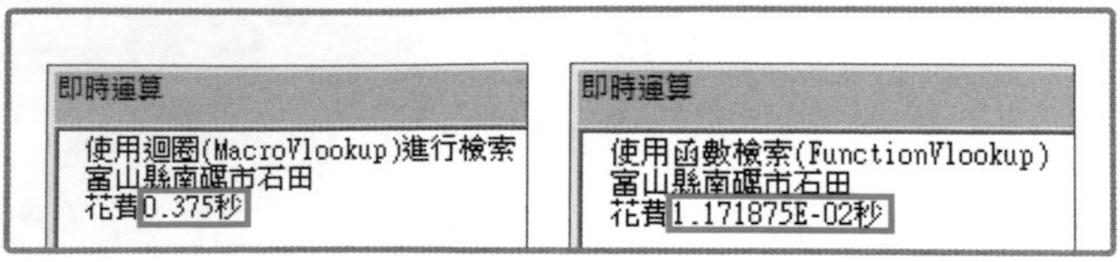

如 圖 所 示 ， 使 用 Timer 函數計算執行巨集的時間。Timer 函數會以含小數點的秒數為單位，傳回本日 0 點 0 分 0 秒開始花費的時間。在程序開頭與結果使用 Timer 函數，計算開始時間與結束時間，再算出兩者的差異，就能知道巨集的執行時間。

表 11-2（**每一台電腦執行出來的結果都不會相同**）

不使用 VLOOKUP 函數，只用迴圈進行檢索	0.375 秒
使用了 VLOOKUP 函數	0.0171875 秒
巨集的執行時間	相差約 22 倍

以下是實際的程式範例。

程式 11-1a：**程式 Before（不使用函數，只使用迴圈）**[FILE：11-1a_b.xlsm]

```
1    ' 迴圈搜尋（不使用 VLOOKUP 函數）
2    Sub MacroVlookup()
3
4        ' 取得最後一列
5        Dim maxRow As Long
6        maxRow = Cells(Rows.Count, 1).End(xlUp).Row
7
8        ' 搜尋郵遞區號
9        Dim zipCode As String
10       zipCode = "939-1535"
11
12       ' 搜尋地址
13       Dim address As String
14
15       ' 迴圈搜尋
16       Dim i As Long
17       For i = 1 To maxRow
18
19           If Cells(i, 4).Value = zipCode Then
```

❶

❷

286

```
20              ' 取得地址
21              address = Cells(i, 5).Value
22              Debug.Print (address)
23
24          End If
25
26      Next
27
28  End Sub
```

程式 11-1b ： **程式 After （使用了 VLOOKUP）** [FILE ： **11-1a_b.xlsm**]

```
1   ' 使用 VLOOKUP 函數進行搜尋
2   Sub FunctionVlookup()
3
4       ' 搜尋郵遞區號
5       Dim zipCode As String
6       zipCode = "939-1535"                                        ❸
7
8       ' 搜尋地址
9       Dim address As String
10                                                                  ❹
11      ' 使用 VLOOKUP 函數進行搜尋
12      On Error Resume Next
13
14      address = _
15      WorksheetFunction.VLookup(zipCode, Columns("D:E"), 2, False)
16
17      If Err.Number <> 0 Then
18          MsgBox " 找不到 "
19      End If
20
21      ' 輸出地址 1
22      Debug.Print address
23
24  End Sub
```

程式 11-1a 的整個流程如下所示。

---

① 宣告變數（最後一列、搜尋的郵遞區號、搜尋結果）
② 執行迴圈處理到最後一列，取得與郵遞區號一致的地址

程式 11-1b 的整個流程如下所示

---

③ 宣告變數（搜尋郵遞區號、搜尋結果的地址）
④ 利用 VLOOKUP 函數搜尋

以下要說明 ④ 的部分。

使用 VLOOKUP 函數（WorksheetFunction.Vlookup）

VLOOKUP 函數是垂直搜尋資料的函數。

這次是使用 VLOOKUP 函數在 D 欄搜尋與郵遞區號 "939-1535" 一致的值，輸出至右邊的儲存格（地址 1）。

工作表上的 VLOOKUP 用法

首先從在工作表上輸入 VLOOKUP 函數的方法開始學習。以下將搭配圖 11-5 來解說。

【VLOOKUP 函數】

垂直搜尋特定值，如果找到一致的值，就取得特定欄的資料。

在工作表的用法：
=VLOOKUP（搜尋值,範圍,欄位編號〔搜尋方法〕）

參數：

　　搜尋值：設定想搜尋的值或儲存格參照。

　　範圍：設定要搜尋的儲存格範圍。設定範圍時，必須包含想取得資料的資料欄。

欄位編號：假如找到一致的值，透過在參數「範圍」設定的欄位編號，指定要傳回第幾欄的資料（自左起欄位編號為 1，2，3…）。

「搜尋方法」：設定 True 或 False 當作搜尋方法。搜尋方法如果是 True，代表部分一致，若是 False 代表完全一致。一般的搜尋用途會設定為「False」（這裡省略設定為 True 的說明）。這個參數可以省略，如果省略，預設值為 True，但是別忘了一般的搜尋用途是設定為「False」。

圖 11-5

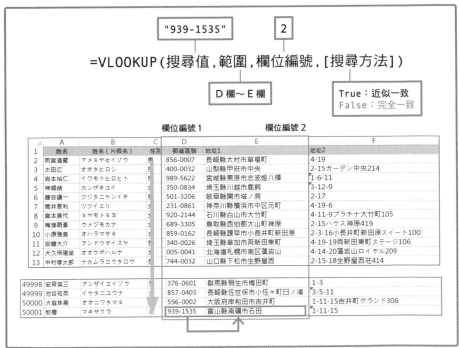

在工作表輸入 VLOOKUP 函數時，輸入方式如下所示（圖 11-6）。

```
=VLOOKUP("939-1535",D:E,2,FALSE)
```

結果

```
富山縣南礪市石田
```

圖 11-6

第二個參數「範圍」設定 D:E 是以欄為單位,設定 D ～ E
欄。

第三個參數「欄位編號」設定為「2」是指在上述「範圍」的
D:E,指定傳回第二欄的值。

在 VBA 的用法

接著要說明在 VBA 使用 VLOOKUP 函數的方法。

請見以下節錄的程式碼。

```
' 使用 VLOOKUP 函數進行搜尋
address = _
WorksheetFunction.VLookup(zipCode, Columns("D:E"), 2, False)
```

輸入 address = _ 是因為程式中途換行的緣故,所以加上
_,請特別注意這一點。

使用 WorksheetFunction 時,語法很容易變長,因此必須
換行。

接著在

```
WorksheetFunction.VLookup(zipCode, Columns("D:E"), 2, False)
```

使用 VLOOKUP 函數。

第一個參數（搜尋值）設定了變數「zipCode」。

第二個參數（搜尋範圍）輸入 Columns("D:E")，設定 D ～
E 欄的範圍。

第三個參數（欄位編號）與第四個參數（搜尋方法）和在工作
表上輸入時一樣。

利用上述程式碼，使用 VLOOKUP 函數垂直搜尋，可以取得資
料，放入隔壁的儲存格。

補充說明：沒有找到時的錯誤處理

使用 VLOOKUP 函數時，必須注意如果搜尋不到，會顯示錯誤
訊息並強制停止巨集（圖 11-7）。

圖 11-7

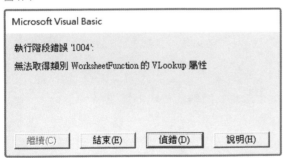

建議先輸入錯誤處理，做好遇到錯誤時的準備。例如，以下程
式碼描述了 On Error Resume Next 當作錯誤對策，萬一
發生錯誤，會利用 MsgBox 函數輸出「找不到」，藉此改善程
式（圖 11-8）。

詳細的錯誤處理方法
請參考第 10 章。

```
程式改善範例
' 使用 VLOOKUP 函數進行搜尋
On Error Resume Next

address = _
WorksheetFunction.VLookup(zipCode, Columns("D:E"), 2, False)

If Err.Number <> 0 Then
    MsgBox " 找不到 "
End If
```

圖 11-8：發生錯誤時

案例 2：利用 COUNTIF 函數，快速計算數量

接著要使用 5 萬筆虛構的通訊錄。

這次要計算在「地址 1」欄以「東京都」為開頭的資料數量（圖 11-9）。

巨集概要

- 計算在 E 欄「地址 1」，字串開頭為「東京都」的資料數量。

- 結束計算後，使用 Debug.Print 輸出結果。

圖 11-9

例：計算在地址1以東京都
為開頭的資料數量

	A	B	C	D	E	F
1	姓名	姓名（片假名）	性別	郵遞區號	地址1	地址2
2	雨宮清藏	アメミヤセイゾウ	男	856-0007	長崎縣大村市草場町	4-19
3	太田広	オオタヒロシ	男	400-0032	山梨縣甲府市中央	2-15ガーデン中央214
4	岩本裕仁	イワモトヒロヒト	男	989-5622	宮城縣栗原市志波姫八樽	1-6-11
5	神崎結	カンザキユイ	女	350-0834	埼玉縣川越市鹿飼	3-12-9
6	藤谷謙一	フジタニケンイチ	男	501-3206	岐阜縣関市塔ノ洞	2-17
7	筒井恵利	ツツイエリ	女	231-0861	神奈川縣横浜市中区元町	4-19-6
8	宮本美代	ミヤモトミヨ	女	920-2144	石川縣白山市大竹町	4-11-9プラチナ大竹町105
9	梅津朝葵	ウメヅモカナ	女	689-3305	鳥取縣西伯郡大山町神原	2-15ハウス神原419
10	小原雅美	オハラマサミ	女	859-0162	長崎縣諫早市小長井町新田原	2-3-16小長井町新田原スイート100
11	安藤大介	アンドウダイスケ	男	340-0026	埼玉縣草加市両新田東町	4-19-19両新田東町ステージ106
12	大久保陽菜	オオクボハルナ	女	005-0041	北海道札幌市南区藻岩山	4-14-20藻岩山ロイヤル209
13	中村孝太郎	ナカムラコウタロウ	男	744-0032	山口縣下松市生野屋西	2-15-18生野屋西荘414
14	立川莉那	タチカワリナ	女	930-0983	富山縣富山市常盤台	2-5-14レジデンス常盤台304
15	風間美琴	カザマミコト	女	841-0424	佐賀縣嬉野市塩田町谷所丙	2-11-17ハウス塩田町谷所丙408
16	笹原美月	ササハラミヅキ	女	399-4321	長野縣駒ヶ根市東伊那	2-4-17東伊那タウン212
17	大浦菜菜	オオウラカンナ	女	299-0217	千葉縣袖ケ浦市打越	2-8-9打越マンション211
18	五味美紀子	ゴミミキコ	女	989-2361	宮城縣亘理郡亘理町鳥居前	2-12-2

比較有沒有使用 COUNTIF 函數的情況

以下是不使用 COUNTIF 函數（工作表函數），只描述迴圈，以及使用了 COUNTIF 函數的比較（圖 11-10、表 11-3）。

> 這是筆者電腦的執行結果，每台電腦的執行結果都不相同。

圖 11-10

```
即時運算
使用迴圈函數進行處理(MacroCountif)
 1069
花費 0.375秒
```

```
即時運算
使用函數進行處理(FunctionCountif)
 1069
花費 1.171875E-02秒
```

表 11-3

不使用 COUNTIF 函數，使用迴圈處理	0.375 秒
使用 COUNTIF 函數	0.0117875 秒
巨集的執行時間	相差約 30 倍

以下是實際的程式範例（程式 11-2a、程式 11-2b）。

程式 11-2a ： 在不使用函數的情況下使用迴圈處理 ［FILE ： **11-2a_b.xlsm**］

```
1   ' 迴圈處理（不使用 COUNTIF 函數）
2   Sub MacroCountif()
3
4       ' 取得最後一列
5       Dim maxRow As Long
6       maxRow = Cells(Rows.Count, 1).End(xlUp).Row      ❶
7
8       ' 儲存計數的變數
9       Dim valCnt As Long
10
11      ' 當迴圈進行到最後一列時加總
12      Dim i As Long
13      For i = 2 To maxRow
14
15          ' 如果開頭是「東京都」，計數 +1
16          If Cells(i, 5).Value Like "東京都 *" Then     ❷
17              valCnt = valCnt + 1
18          End If
19
20      Next
21
22      Debug.Print valCnt
23
24  End Sub
```

程式 11-2b ： 使用 COUNTIF 函數 ［FILE ： **11-2a_b.xlsm**］

```
1   ' 使用 COUNTIF 函數處理
2   Sub FunctionCountif()
3
```

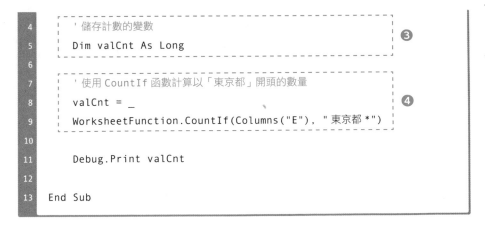

```
4        ' 儲存計數的變數
5        Dim valCnt As Long                                       ❸
6
7        ' 使用 CountIf 函數計算以「東京都」開頭的數量
8        valCnt = _                                               ❹
9        WorksheetFunction.CountIf(Columns("E"), " 東京都 *")
10
11       Debug.Print valCnt
12
13   End Sub
```

程式 11-2a 的整個流程如下所示。

---

❶ 宣告變數（最後一列、計數）

❷ 迴圈處理直到最後一列，計算以「東京都」為開頭的儲存格數量

接著程式 11-2b 的整體流程如下所示。

---

❸ 宣告變數（計數）

❹ 利用 COUNTIF 函數計算數量

以下要說明 ❹ 的部分。

使用 COUNTIF 函數（WorksheetFunction.Countif）

COUNTIF 函數可以計算與條件一致的儲存格數量。這次是在 E 欄搜尋開頭與 " 東京都 " 一致的值，然後使用 COUNTIF 函數計算數量。

在工作表上的用法

首先要學習在工作表上的儲存格輸入 COUNTIF 函數的方法，以下將搭配圖 11-11 來說明。

圖 11-11

COUNTIF（範圍，搜尋條件）

E欄　　"東京都*"

	A	B	C	D	E	F
1	姓名	姓名（片假名）	性別	郵遞區號	地址1	地址2
2	雨宮海藏	アメミヤセイゾウ	男	856-0007	長崎縣大村市草場町	4-19
3	太田広	オオタヒロシ	男	400-0032	山梨縣甲府市中央	2-15ガーデン中央214
4	岩本裕仁	イワモトヒロヒト	男	989-5622	宮城縣栗原市志波姫八樟	1-6-11
5	神崎結	カンザキユイ	女	350-0834	埼玉縣川越市鹿飼	3-12-9
6	藤谷謙一	フジタニケンイチ	男	501-3206	岐阜縣関市塔ノ洞	2-17
7	筒井喜利	ツツイエリ	女	231-0861	神奈川縣横浜市中区元町	4-19-6
8	宮本美代	ミヤモトミヨ	女	920-2144	石川縣白山市大竹町	4-11-9プラチナ大竹町105
9	梅津萌奏	ウメヅモカナ	女	689-3305	鳥取縣西伯郡大山町神原	2-15ハウス神原419
10	小原雅美	オハラマサミ	女	859-0162	長崎縣諫早市小長井町新田原	2-3-16小長井町新田原スイート100
11	安藤大介	アンドウダイスケ	男	340-0026	埼玉縣草加市両新田東町	4-19-19両新田東町ステージ106
12	大久保陽菜	オオクボハルナ	女	005-0041	北海道札幌市南区藻岩山	4-14-20藻岩山ロイヤル209
13	中村孝太郎	ナカムラコウタロウ	男	744-0032	山口縣下松市生野屋西	2-15-18生野屋西荘414
49998	安斉英三	アンザイエイゾウ	男	376-0601	群馬縣桐生市梅田町	1-3
49999	池谷祐奈	イケタニユウナ	女	857-0403	長崎縣佐世保市小佐々町臼ノ浦	3-5-11
50000	大庭珠美	オオニワタマミ	女	596-0002	大阪府岸和田市吉井町	1-11-15吉井町グランド306
50001	牧響	マキサクラ	女	939-1535	富山縣南礪市石田	1-11-15

【COUNTIF函數】

在設定的儲存格範圍，計算與條件一致的儲存格數量。

在工作表的使用方法：
= COUNTIF（範圍，搜尋條件）

參數：

範圍：設定要搜尋的儲存格範圍。

搜尋條件：計算與這個參數設定的條件一致的儲存格數量。設定成"東京都"代表必須與搜尋條件完全一致。使用萬用字元（*,?）可以設定成部分一致（?是設定任何單一字元，而*是設定任何多個字元的字串。例如：輸入"東京都*"，可以設定以"東京都"為開頭，之後為任意字串的條件）。

此外，使用比較運算子（=,<,>,<>），例如">30"或"<=20"，也可以設定條件。

按照以下方式在工作表輸入 COUNTIF 函數（圖 11-2）。

```
=COUNTIF(E:E," 東京都 *")
```

結果

```
1069
```

圖 11-2

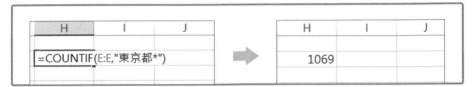

第一個參數「範圍」設定 E:E 是為了以欄為單位設定 E 欄。
第二個參數「搜尋條件」" 東京都 *" 是設定以 " 東京都 " 為
開頭，之後為任意字串的部分一致條件。

VBA 的用法

接著要說明在 VBA 使用 COUNTIF 函數的方法。請見以下節
錄的程式碼。

```
' 使用 CountIf 函數計算以「東京都」開頭的數量
valCnt = _
WorksheetFunction.CountIf(Columns("E"), " 東京都 *")
```

< 請注意 valCnt = _ 是
因為程式中途換行，
所以輸入 _。

在 WorksheetFunction.CountIf(Columns("E"), "
東京都 *") 使用了 COUNTIF 函數。

第一個參數（搜尋範圍）輸入 Columns("E")，設定 E 欄為
範圍。

第二個參數（搜尋條件）和在工作表上輸入時一樣。

透過上述程式碼，使用 COUNTIF 函數，就能計算與條件一致
的儲存格數量。

重點整理　其他工作表函數

在 VBA 使用工作表函數，簡化了程式，同時也提升了執行速
度，很方便吧！

這是筆者電腦的執行
結果，但是這個結果
會隨著執行環境產生
差異。

除了這次介紹的 VLOOKUP 函數及 COUNTIF 函數，還可以運
用各種工作表函數，請試試看。

此外，在 Microsoft Docs 也列出可以在 WorksheetFunction
物件使用的工作表函數。除了本節介紹的 VLOOKUP 函數及
COUNTIF 函數，還有各種有用的函數，請自行參考。

https://docs.microsoft.com/zh-tw/office/vba/api/excel.
worksheetfunction

 開始練習！

使用陣列快速處理

以下要介紹利用陣列加快巨集速度的方法。

陣列的結構與變數類似，就像是一個暫時把值記下來的「箱
子」。可是，變數是儲存一個值的「箱子」，而陣列可以比喻
成能儲存多個值、有隔板「櫃子」（圖 11-13）。

圖 11-13

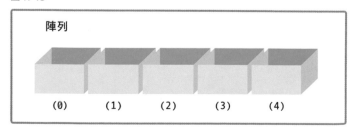

使用陣列可以加快巨集的速度嗎？

我們以具體的巨集為例來說明，請見圖 11-14。

圖 11-14

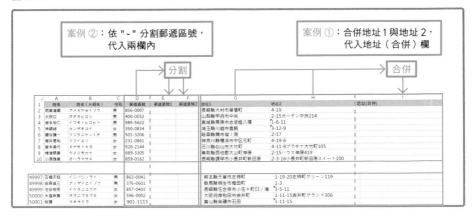

案例①：合併「地址 1」與「地址 2」，代入「地址（合併）」欄

把 G 欄與 H 欄的值當作字串合併，變成一個字串，將合併後的值代入 I 欄。

案例②：以 "-" 分割郵遞區號，代入兩欄

把 D 欄的值分割成 "-" 前後的字串，分別將分割後的值代入 E 欄與 F 欄。

依照上述案例，比較了使用陣列與沒有使用陣列時，巨集的執行結果，如表 11-4、表 11-5 所示。

表 11-4：案例①

沒有使用陣列	39.30078125 秒
使用陣列	3.8828125 秒
巨集的執行時間	約相差 10 倍

表 11-5：案例 ②

沒有使用陣列	58.546875 秒
使用陣列	0.7890625 秒
巨集的執行時間	相差 74 倍

由此可知，使用陣列大幅提高了執行速度。

接下來要說明為什麼使用陣列可以變快？還有陣列的用法。

逐一寫入儲存格很花時間。
先把值儲存在陣列再一次寫入！

為什麼前面沒有使用陣列的巨集執行起來比較慢？

這是因為 VBA「寫入儲存格」的處理很花時間。

圖 11-5

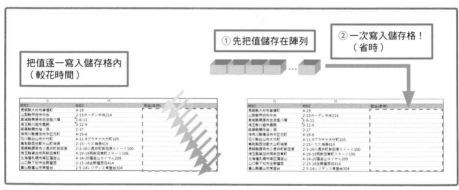

如圖 11-15 所示，把值逐一寫入儲存格很花時間。這次的資料有 5 萬筆，寫入儲存格要重複 5 萬次，所以更花時間。不過使用陣列就能做到以下事項。

① 先在陣列儲存處理結果
② 從陣列一次寫入儲存格！

按照上述方式編寫程式，就能完成一次「寫入儲存格」的處理。就算資料有好幾萬筆，「寫入儲存格」這種耗時的處理只要一次就能完成，所以可以節省時間。

■

以上說明了為什麼使用陣列可以提高巨集的執行速度。接下來要以具體的程式碼為例，說明陣列的用法。

案例 ① ：合併地址再寫入（使用陣列）

接下來要針對剛才的案例①，說明不使用陣列及使用陣列的程式（程式 11-3 、程式 11-3b）。

程式 11-3a：**不使用陣列**〔FILE：**11-3a_b.xlsm**〕

```
1    ' 合併地址（不使用陣列）
2    Sub JoinAddr()
3
4        ' 取得最後一列
5        Dim maxRow As Long                                        ❶
6        maxRow = Cells(Rows.Count, 1).End(xlUp).Row
7
8        Dim i As Long
9        For i = 2 To maxRow
10
11           ' 合併地址 1 與地址 2
12           Dim str As String
13           str = Cells(i, "G").Value & Cells(i, "H").Value       ❷
14
15           Cells(i, "I").Value = str
16
17        Next i
18
19   End Sub
```

程式 11-3b：使用陣列〔FILE：**11-3a_b.xlsm**〕

```
1   ' 使用陣列合併地址
2   Sub JoinAddrFast()
3
4       ' 取得最後一列
5       Dim maxRow As Long
6       maxRow = Cells(Rows.Count, 1).End(xlUp).Row          ❸
7
8       ' 宣告陣列
9       Dim arrAddr() As String
10      ReDim arrAddr(maxRow - 1)
11
12      Dim i As Long
13      For i = 2 To maxRow
14
15          ' 合併地址 1 與地址 2 並儲存在陣列內
16          Dim str As String                                ❹
17          str = Cells(i, "G").Value & Cells(i, "H").Value
18          arrAddr(i - 2) = str
19
20      Next i
21
22      ' 將陣列的值儲存在儲存格內
23      Cells(2, "I").Resize(UBound(arrAddr), 1) = _          ❺
24                  WorksheetFunction.Transpose(arrAddr)
25
26  End Sub
```

程式 11-3a 的整體流程如下所示。

---

❶ **宣告變數（取得最後一列）**

❷ **迴圈處理直到最後一列，合併地址 1 與地址 2，寫入 H 欄**

程式 11-3b 的整體流程如下所示。

> ❸ 宣告變數與陣列
> ❹ 迴圈處理直到最後一列，合併地址 1 與地址 2，儲存成陣列
> ❺ 在儲存格寫入陣列的值

前面說明過，程式 11-3b 會先將處理結果儲存在陣列，最後再一次寫入儲存格。

接下來要說明 ❸ ～ ❺。

宣告陣列（固定長度陣列與動態陣列）

使用陣列之前，和變數一樣，要先進行宣告，這點很重要。

前面說明過「陣列好比含有隔間的櫃子」，陣列可以儲存多個值，隔出來的每個隔間稱作「**陣列的元素**」。這些元素會依照「0,1,2,3…」編號，這些編號稱作「索引」（圖 11-16）。

圖 11-16

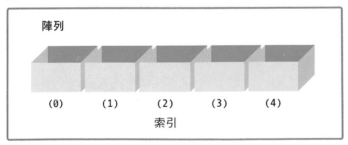

以下程式宣告了元素數量有 5 個的整數型陣列。

```
' 宣告陣列（元素數量為 5 個）
Dim myArray(4) As Long
```

如上所示，宣告陣列的基本語法如下所示。

Dim 陣列名稱（索引的上限值） As 型

陣列和變數一樣，可以決定名稱。陣列的英文是「Array」，因此陣列名稱通常會使用單字 Array 或其中一部分。

此外，陣列和變數一樣都有「類型」。上面利用 As Long 宣告為整數型，可以宣告的類型和變數一樣。

「奇怪？」這裡可能有人會覺得「明明宣告的陣列有 5 個元素，可是為什麼輸入 myArray(4)？」原因在於，<u>陣列的索引是從「0」開始，依序是「0,1,2,3…」</u>。因此如果要宣告元素數量為 5 的陣列，索引的上限值必須為「4」。

> VBA 函數包括了 Array 函數，所以陣列名稱最好避免同樣命名為「Array」。

固定長度陣列與動態陣列

陣列有**固定長度陣列**與**動態陣列**兩種。

圖 11-17

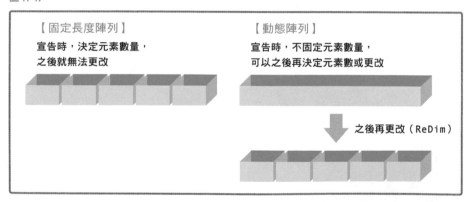

如前面的程式碼所示，<u>固定長度陣列在宣告時，會先決定元素數量，而動態陣列在宣告時，不用先決定元素數量，可以之後再確認</u>。

以下程式碼宣告了動態陣列，再把元素數量改成 5 個。

```
' 宣告動態陣列
Dim myArray() As Long
' 更改元素數
ReDim myArray(5)
```

宣告動態陣列時，不會設定索引的上限值，以 Dim myArray() As Long 的方式宣告。之後再使用 ReDim 陳述式，輸入 ReDim myArray(5)，就能更改元素數量。

動態陣列可以在元素數量使用變數！

程式 11-3b 宣告了動態陣列「arrAddr」，在 ReDim 陳述式更改元素數量。

```
' 宣告陣列
Dim arrAddr() As String
ReDim arrAddr(maxRow - 2)
```

變數 maxRow 儲存了工作表最後一列的列數（這次的範例有 5 萬筆，連同標題列，最後一列為「50001」）。

輸入 ReDim arrAddr(maxRow - 2)，陣列的索引是「0,1,2,3…49999」，有 5 萬個。

檢視上述程式碼，可能有人會覺得「為什麼不使用固定長度陣列，而刻意使用動態陣列？」的確，宣告陣列之後，我們緊接著在下一行使用 ReDim 陳述式更改了元素數量。「既然如此，為什麼不一開始就先決定元素數量，宣告為固定長度陣列，只要一行就寫完了…」

其實這樣編寫的程式碼會出現編譯錯誤。

但是使用 ReDim 陳述式之後，如果陣列已有儲存值，就會全部刪除。假如想保留這個值，並更改元素數量，可以使用 Preserve 關鍵字，如「ReDim Preserve myArray(5)」。

```
' 錯誤（固定長度陣列不能使用變數）
Dim arrAddr(maxRow - 2) As String
```

如上所示，宣告為固定長度陣列時，無法在 ( ) 內設定變數。
在 VBA 宣告固定長度的陣列時，() 內不能使用變數，只能使
用常數。

然而，動態陣列可以在 ReDim 陳述式使用變數。

```
' 不會發生錯誤（動態陣列可以使用變數）
ReDim arrAddr(maxRow - 2)
```

基於上述說明，想使用變數決定元素數量時，最好使用動態
陣列。

逐列處理並在陣列儲存結果

以下是在程式 11-3b，逐列處理工作表，並將結果儲存在陣列
內的程式碼。

```
Dim i As Long
For i = 2 To maxRow

    ' 合併地址 1 與地址 2 並儲存在陣列內
    Dim str As String
    str = Cells(i, "G").Value & Cells(i, "H").Value
    arrAddr(i - 2) = str

Next ig
```

編寫 For 語法時，要從工作表的第 2 列到最後一列，重複執
行迴圈處理，如 For i = 2 To maxRow（圖 11-18）。

圖 11-18

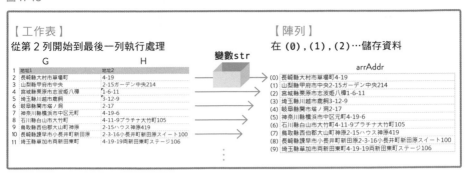

如上所示，合併工作表第 i 列 G 欄及 H 欄的值，儲存在變數 str 內。

接著編寫 arrAddr(i - 2) = str，把值儲存在陣列第 i-2 的索引內。

> 工作表的處理列是「2,3,4…最後一列」，陣列的索引是依照「0,1,2…」的順序儲存，所以索引會寫成「i – 2」。

把儲存在陣列內的值一次寫入儲存格

以下是在程式 11-3b，一次把儲存在陣列的值寫入儲存格內的程式碼。

```
' 在儲存格儲存陣列的值
Cells(2, "I").Resize(UBound(arrAddr), 1) = _
            WorksheetFunction.Transpose(arrAddr)
```

上述程式碼不只單純在陣列賦值，還有幾個重點。

> ☒ 使用 UBound 函數取得陣列的元素數量，利用 Resize 方法擴大儲存格範圍。

陣列的值如果要在儲存格內賦值，必須設定和陣列元素數量一樣的儲存格範圍。

圖 11-19

用 Resize 方法擴大列數
（陣列的元素數量）

G	H	I
住址1	住址2	住址(合併)
長崎縣大村市草場町	4-19	
山梨縣甲府市中央	2-15ガーデン中央214	
宮城縣栗原市志波姬八樟	1-6-11	
埼玉縣川越市鹿飼	3-12-9	
岐阜縣關市塔ノ洞	2-17	
神奈川縣橫浜市中區元町	4-19-6	
石川縣白山市大竹町	4-11-9プラチナ大竹町105	
鳥取縣西伯郡大山町神原	2-15ハウス神原419	
長崎縣諫早市小長井町新田原	2-3-16小長井町新田原スイート100	
埼玉縣草加市両新田東町	4-19-19両新田東町ステージ106	
北海道札幌市南區藻岩山	4-14-20藻岩山ロイヤル209	
山口縣下松市生野屋西	2-15-18生野屋西414	
富山縣富山市常盤台	2-5-14レジデンス常盤台304	
佐賀縣嬉野市塩田町谷所丙	2-11-17ハウス塩田町谷所丙408	
長野縣駒ヶ根市東伊那	2-4-17東伊那タウン212	

假設陣列的元素數量有 5 萬個，必須使用 Resize 方法擴大儲存格範圍，如 Cells(2,"I").Resize(500000,1) = 陣列（圖 11-19）。

這個程式碼的意思是，「以 Cells(2,"I") 為開頭，擴大成 5000 列 1 欄的儲存格範圍」。

但是上述方法只支援陣列的元素數量為 50000 個的情況。

因此，使用 UBound 函數可以取得陣列的最大索引數。

假設陣列 arrAddr 有 50000 個元素，寫成 UBound (arrAddr) 會傳回最大索引數 50000。

因此，在程式 11-3b 輸入 Cells(2, "I").Resize(UBound (arrAddr), 1)，自動取得陣列的元素數量，利用 Resize 方法擴大儲存格範圍。

利用工作表函數「TRANSPOSE 函數」
切換陣列的列與欄

事實上，垂直的儲存格範圍無法直接代入陣列。

```
' 這樣寫會產生邏輯錯誤（不會出現預期的結果）
Cells(2, "I").Resize(UBound(arrAddr), 1) = arrAddr
```

實際寫出程式執行看看就會知道，只有陣列的第一個元素會重複寫入儲存格。為什麼呢？請見圖 11-20。

圖 11-20

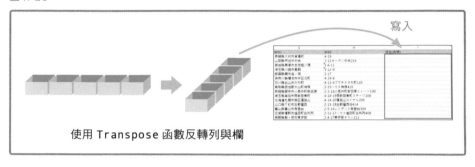

使用 Transpose 函數反轉列與欄

這種元素排列成一列的陣列稱作「**一維陣列**」。VBA 在儲存格代入一維陣列時，會當成水平排列的箱子來處理。因此，在垂直的儲存格範圍代入水平排列的陣列，只有開頭的值會重複代入，無法正常處理。

< 後面會再介紹二維陣列。

我們必須使用 **TRANSPOSE 函數**，切換陣列（水平排列）的列與欄，變成垂直排列的陣列。寫成 `WorksheetFunction.Transpose(arrAddr)`，就可以反轉陣列 arrAddr 的列與欄。

< TRANSPOSE 函數是工作表函數，可以切換陣列的列與欄。

根據上述重點，在程式 11-3b 輸入以下程式碼。

```
Cells(2, "I").Resize(UBound(arrAddr), 1) = _
                WorksheetFunction.Transpose(arrAddr)
```

如此一來，就能把儲存在陣列的值一次寫入儲存格內。

案例 ② ：分割郵遞區號，寫入儲存格內
　　　　　（二維陣列）

接著要針對第二個案例，介紹不使用陣列與使用了陣列的程式
（程式 11-4a、程式 11-4b）。

程式 11-4a ： **不使用陣列** ［FILE：**11-4a_b.xlsm**］

```
1    ' 拆分郵遞區號（不使用陣列）
2    Sub SplitCode()
3
4        ' 取得最後一列
5        Dim maxRow As Long                                    ❶
6        maxRow = Cells(Rows.Count, 1).End(xlUp).Row
7
8        ' 執行迴圈
9        Dim i As Long
10       For i = 2 To maxRow
11
12           ' 拆分郵遞區號並寫入儲存格                          ❷
13           Dim str As String
14           str = Cells(i, 4).Value
15           Cells(i, 5).Value = Left(str, 3)
16           Cells(i, 6).Value = Right(str, 4)
17
18       Next i
19
20   End Sub
```

程式 11-4b ： 使用陣列 ［FILE ： 11-4a_b.xlsm］

```
1   ' 使用二維陣列拆分郵遞區號
2   Sub SplitCodeFast()
3
4       ' 取得最後一列
5       Dim maxRow As Long
6       maxRow = Cells(Rows.Count, 1).End(xlUp).Row      ③
7
8       ' 宣告陣列
9       Dim arrCode() As String
10      ReDim arrCode(maxRow - 1, 1)
11
12      ' 執行迴圈
13      Dim i As Long
14      For i = 2 To maxRow
15
16          ' 拆分郵遞區號並儲存在陣列內
17          Dim str As String                             ④
18          str = Cells(i, 4).Value
19          arrCode(i - 2, 0) = Left(str, 3)
20          arrCode(i - 2, 1) = Right(str, 4)
21
22      Next i
23
24      Cells(2, 5).Resize(UBound(arrCode), 2) = arrCode  ⑤
25
26  End Sub
```

程式 11-4a 的整體流程如下所示。

---

❶ 宣告變數（取得最後一列）

❷ 執行迴圈到最後一列，把郵遞區號拆成前半與後半部分，分別寫入
　 C、D 欄

程式 11-4b 的整體流程如下所示。

---

❸ 宣告變數與陣列

❹ 執行迴圈直到最後一列，把郵遞區號拆成前 3 位數與後 4 位數，並儲存在陣列內

❺ 將陣列的值寫入儲存格

和案例 ① 一樣，程式 11-4b 把處理結果先儲存在陣列內，最後再一次寫入儲存格。

但是這次案例 ② 使用的陣列是「二維陣列」，與案例 ① 不同，以下將說明這一點。

接下來將著重說明 ❸ ～ ❺。

宣告陣列（二維陣列）

這次案例 ② 使用的陣列稱作**二維陣列**。

相對而言，案例 ① 使用的陣列稱作一維陣列。

圖 11-21

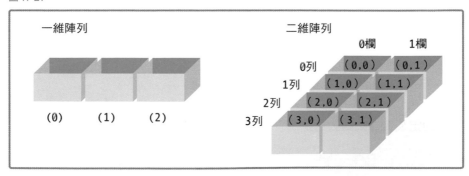

一維陣列就像是水平排列有隔間的櫃子，索引為 (0),(1),(2)…。

相形之下，二維陣列就像是二欄儲存格排列成多列。二維陣列的索引顯示為（列，欄），如 (0,0),(0,1),(1,0),(1,1)…。

為什麼這次要使用二維陣列？原因請見圖 11-22 的説明。

圖 11-22

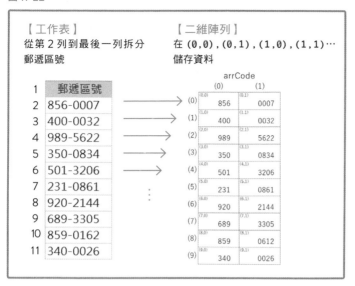

這次的巨集必須先把郵遞區號拆成前 3 位數與後 4 位數，分別儲存在陣列內。此時，一個郵遞區號會拆成兩個值，所以需要二維陣列。

宣告二維陣列

接下來要介紹宣告二維陣列的方法。

二維陣列也一樣分成固定長度陣列與動態陣列，分別有各自的宣告方法。

宣告固定長度二維陣列的範例

如果要宣告二維陣列，在 ( ) 內的兩個數值要以分隔符號（ , ）描述。

```
Dim 陣列名稱（索引的上限值 , 索引的上限值）As 型
```

接下來是宣告了 5 列 2 欄二維陣列（固定長度）的程式碼。

```
' 宣告二維陣列（5 列 2 欄）
Dim myArray(4,1) As Long
```

上面宣告了 5 列 2 欄的二維陣列，由於索引數從 0 開始，所以要輸入 (4,1)。

宣告動態二維陣列的範例

以下是宣告動態二維陣列的程式範例。

```
' 宣告動態二維陣列，更改元素數量
Dim myArray() As Long
ReDim myArray(4,1)
```

如上所示，宣告動態二維陣列時，不輸入索引的上限值，先描述為 ()。之後利用 ReDim 陳述式輸入索引的上限值，更改陣列的元素數。

接著回到程式 11-4b。

以下是在程式 11-4b 宣告二維陣列的部分。

```
' 宣告陣列
Dim arrCode() As String
ReDim arrCode(maxRow - 2, 1)
```

以陣列名稱 arrCode 宣告動態陣列，接著利用 ReDim 陳述式更改元素數量，當成二維陣列。

這裡在參數描述 (maxRow - 2, 1)，變成 50000 列 2 欄的二維陣列。

在變數 maxRow 儲存工作表最後一列「50001」，為了排除標題列，所以減 -1，加上陣列的索引是從 0 開始，因此再 -1，最後輸入 maxRow - 2。

逐列處理並在陣列儲存結果

以下是程式 11-4b 逐列處理工作表，並在陣列儲存結果的部分。

```vba
' 執行迴圈
Dim i As Long
For i = 2 To maxRow

    ' 拆分郵遞區號並儲存在陣列內
    Dim str As String
    str = Cells(i, 4).Value
    arrCode(i - 2, 0) = Left(str, 3)
    arrCode(i - 2, 1) = Right(str, 4)

Next i
```

利用 For 語法，讓計數變數 i 從 2 開始變化至 maxRow，同時執行迴圈。此外，使用 Left 函數及 Right 函數，把郵遞區號拆成前 3 位數及後 4 位數，分別取得開頭 3 個字元及末尾 4 個字元。

拆分後的值儲存在先前宣告後的陣列「arrCode」（圖 11-23）。

圖 11-23

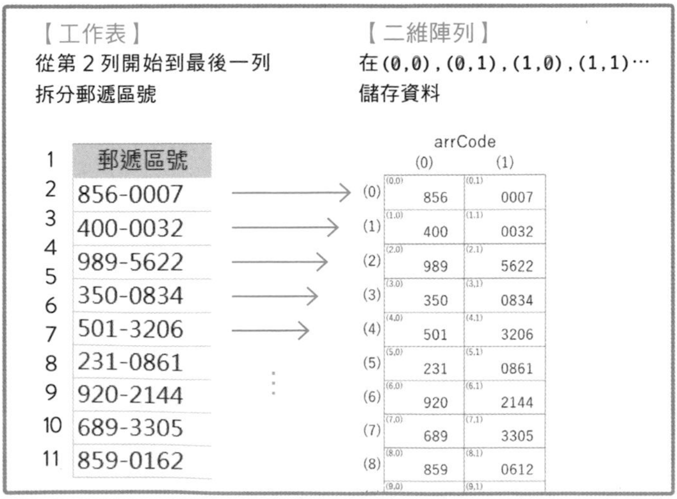

請注意！此時拆分工作表 i 列郵遞區號的結果會儲存在陣列的第 i-2 列。工作表的第一列是標題列，所以 -1，而陣列的索引從「0」開始，又再 -1，因此共 -2。

將儲存在陣列內的值一次寫入儲存格

以下是在程式 11-4b 把儲存在陣列內的值，一次寫入儲存格內的部分。

```
Cells(2, 5).Resize(UBound(arrCode), 2) = arrCode
```

上述程式碼把儲存在陣列 arrCode 的值存放在儲存格範圍內（圖 11-24）。

案例① 已經說明過如何使用 Resize 函數及 UBound 函數，把儲存格範圍擴大成和陣列相同大小，所以這裡省略。

如果是一維陣列，會使用 TRANSPOSE 函數反轉列、欄，但是二維陣列不需要這麼做。

∎

利用上述方式，使用二維陣列就能拆分郵遞區號，寫入儲存格內。

圖 11-24

使用 Resize 方法擴大列數、欄數（陣列的元素數量）

	A	B	C	D	E	F
1	姓名	姓名（片假名）	性別	郵遞區號	郵遞區號1	郵遞區號2
2	雨宮清蔵	アメミヤセイゾウ	男	856-0007		
3	太田広	オオタヒロシ	男	400-0032		
4	岩本裕仁	イワモトヒロヒト	男	989-5622		
5	神崎結	カンザキユイ	女	350-0834		
6	藤谷謙一	フジタニケンイチ	男	501-3206		
7	筒井恵利	ツツイエリ	女	231-0861		
8	宮本美代	ミヤモトミヨ	女	920-2144		
9	梅津萌奏	ウメヅモカナ	女	689-3305		
10	小原雅美	オハラマサミ	女	859-0162		
11	安藤大介	アンドウダイスケ	男	340-0026		
12	大久保陽菜	オオクボハルナ	女	005-0041		
13	中村孝太郎	ナカムラコウタロウ	男	744-0032		

重點整理

我想應該有許多人會覺得陣列有點困難。

可是正如案例所示，有沒有使用陣列，執行速度有著極大差異，因為反覆「把每個值寫入儲存格」很花時間，整個巨集的執行時間會拉長。本節說明過，只要把程式調整成「先將處理結果儲存在陣列，最後一次寫入儲存格」，巨集的執行速度會出現戲劇性的變化。尤其像這次要處理 5 萬筆大量資料的情況，這樣做能顯著提升速度，請務必善加運用。

＼　開始練習！　／

如果需要較長時間，就顯示進度條

上一節介紹了盡量縮短巨集處理時間的方法。可是必須處理大量資料，或需要反覆執行許多處理的巨集，仍得花費較久的時間。執行巨集時，無法操作 Excel，這種狀態若持續數秒或數十秒，使用者就會開始擔心「是 bug 嗎？」或「不曉得到底要等多久」而感到煩躁。

解決方法之一，就是在巨集的執行過程中，顯示進度條，如圖 11-25 所示。本節要說明顯示進度條的方法。

圖 11-25

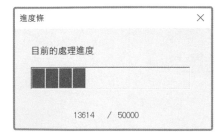

以下將以必須執行 5 萬次迴圈的巨集為例來說明（圖 11-26）。

圖 11-26

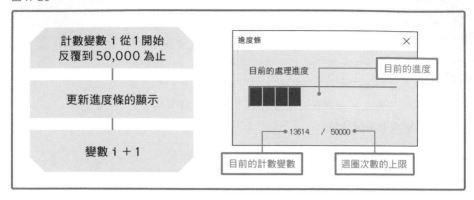

這裡要說明的是計數變數 i 從 1 不斷加 1 直到 50000 的 For
語法（為了簡化範例，所以假設在迴圈中不執行任何處理）。

進度條以圖示呈現目前的進度比例，在下方顯示目前計數變
數的值／迴圈次數的上限，如「13614/50000」。此外，當使
用者按下右上方的「×」鈕，會顯示訊息，中途停止處理（圖
11-27）。

圖 11-27

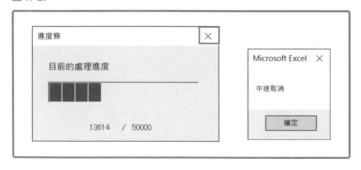

這裡要介紹以上的巨集作法，同時學習建立進度條的方式。

準備使用者表單

首先要準備顯示進度條用的使用者表單。**使用者表單**是顯示各
種物件（控制項），如按鈕、輸入文字方塊等，讓使用者能以
視覺化方式直覺操作的表單結構。

關於一般使用者表單的運用方法，請見第 12 章的詳細說明，
這裡要介紹的是建立顯示進度條的特殊使用者表單。

在 VBE 插入使用者表單

在 VBE 左邊的專案總管按下滑鼠右鍵，執行「插入」→「自
訂表單」命令，開啟使用者表單的編輯畫面（圖 11-28）。

圖 11-28

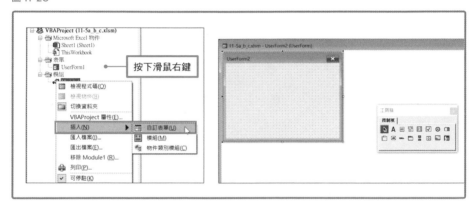

在工具箱顯示進度條

此時會顯示工具箱，但是在標準狀態下，沒有插入進度條的按
鈕，要利用以下操作顯示這個按鈕（圖 11-29）。

圖 11-29

在工具箱按下滑鼠右鍵，執行「新增控制項」命令，勾選清單中的「Microsoft ProgressBar Control, version6.0」，按下「確定」鈕，就會插入進度條按鈕。

> 這裡顯示的數值會隨著 Excel 的版本而異。

插入進度條的控制項

按下進度條按鈕，使用滑鼠在表單上拖曳，就會插入進度條（圖 11-30）。

圖 11-30

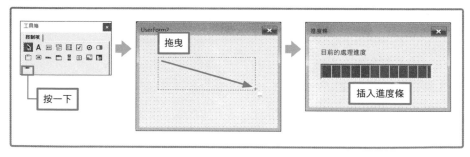

和工作表上的圖形一樣，利用拖曳操作就能調整大小及位置。

插入各個控制項並分別設定屬性

接著插入其他控制項並進行配置。（）內顯示了物件名稱（圖 11-31）。

圖 11-31

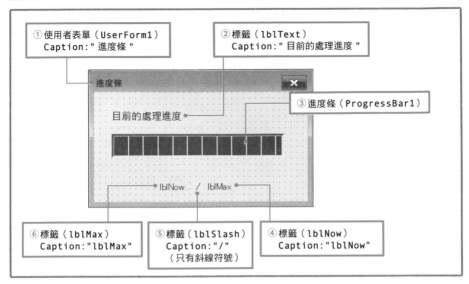

① 使用者表單（UserForm1）
Caption:" 進度條 "

② 標籤（lblText）
Caption:" 目前的處理進度 "

③ 進度條（ProgressBar1）

進度條

目前的處理進度

lblNow ／ lblMax

⑥ 標籤（lblMax）
Caption:"lblMax"

⑤ 標籤（lblSlash）
Caption:"/"
（只有斜線符號）

④ 標籤（lblNow）
Caption:"lblNow"

請先設定各個控制項的屬性。

以下是各個屬性的設定項目清單（表 11-6）。

表 11-6

① 使用者表單	物件名稱	UserForm1（維持預設值）
	Caption	進度條
② 標籤	物件名稱	lblText
	Caption	目前的處理進度
③ 進度條	物件名稱	ProgressBar1（維持預設值）
④ 標籤	物件名稱	lblMax
	Caption	lblMax
⑤ 標籤	物件名稱	lblSlash
	Caption	/
⑥ **標籤**	物件名稱	lblNow
	Caption	lblNow

在模組輸入主程式（執行 50,000 次）

接著在模組輸入主程式（執行 50,000 次處理）（以下程式將會在後面做修改）。

程式 11-5a：[FILE：**11-5a_b_c.xlsm**]

```
1    '主程式（執行 50,000 次）
2    Sub LoopMacro()
3
4        '要計算的最大值
5        Dim maxCnt As Long
6        maxCnt = 50000
7
8        '執行迴圈到最大值為止
9        Dim i As Long
10       For i = 1 To maxCnt
11
12           '將控制權交給作業系統
13           DoEvents
14
15       Next i
16
17   End Sub
```

程式 11-5a 將變數 maxCnt 賦值為 50000，當作最大迴圈次數，利用 For 迴圈，讓 i 從 1 開始，反覆執行到 maxCnt 為止。由於迴圈處理很花時間，為了避免執行巨集時，無法操作 Excel，而利用 DoEvents 函數把控制權暫時交給作業系統。

關 於 DoEvents 函數的說明，請見第 7 章（P.170）。

顯示 / 隱藏進度條以及初始化 / 更新處理

在程式 11-5a 增加控制進度條的程式碼，結果如程式 11-5b 所示（加上底色的部分是新增的程式碼）。

程式 11-5b：［FILE：**11-5a_b_c.xlsm**］

```vba
1    ' 主程式（執行 50,000 次）
2    Sub LoopMacro2()
3
4        ' 要計算的最大值
5        Dim maxCnt As Long
6        maxCnt = 50000
7
8        ' 設定進度條的初始值                    ❶
9        Call InitBar(maxCnt)
10
11       ' 顯示進度條                           ❷
12       UserForm1.Show vbModeless
13
14       ' 執行迴圈
15       Dim i As Long
16       For i = 1 To maxCnt
17
18           ' 更新進度條                        ❸
19           Call UpdateBar(i)
20
21           ' 將控制權交給作業系統
22           DoEvents
23
24       Next i
25
26       ' 關閉進度條                           ❹
27       Unload UserForm1
28
29   End Sub
30
31
32   ' 進度條的初始值 ←
33   Sub InitBar(maxBar As Long)
34
35       With UserForm1
```

接下頁

```
36          '變更進度條的最大值
37          .ProgressBar1.max = maxBar
38          '更改標籤的最大值
39          .lblMax.Caption = maxBar
40      End With
41
42   End Sub
43
44   '更新進度條  ←
45   Sub UpdateBar(bar As Long)
46
47      With UserForm1
48          '進度條目前的值
49          .ProgressBar1.Value = bar
50          '標籤目前的值
51          .lblNow.Caption = bar
52      End With
53
54   End Sub
```

以下將重點說明上述程式碼。

❶ 進度條的初始化

以下呼叫出 **InitBar 程序**,設定進度條的初始值。

```
'設定進度條的初始值
Call InitBar(maxCnt)
```

把 maxCnt 當作參數,藉此傳遞迴圈的最大值。另一方面,在
呼叫出來的 InitBar 程序中,輸入以下程式碼

```
' 進度條的初始值
Sub InitBar(maxBar As Long)

    With UserForm1
        ' 變更進度條的最大值
        .ProgressBar1.max = maxBar
        ' 更改標籤的最大值
        .lblMax.Caption = maxBar
    End With

End Sub
```

讓虛擬變數 maxBar 取得參數，設定使用者表單 UserForm1
的進度條及標籤最大值（圖 11-32）。

圖 11-32

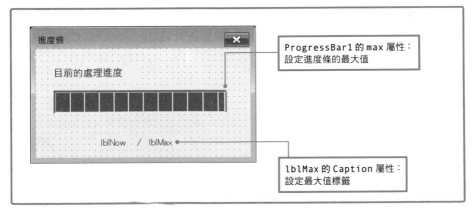

- 利用 ProgressBar1 的 max 屬性設定進度條的最大值。

- 利用 lblMax 的 Caption 屬性設定最大值標籤。

❷ 顯示進度條

這裡要利用使用者表單的 **Show 方法**顯示使用者表單。

```
' 顯示進度條
UserForm1.Show vbModeless
```

將參數設定為 vbModeless，以 Modeless 方式啟動。

「**Modeless**」是指開啟表單之後，執行後續程式的模組。

「**Modal**」正好相反，開啟表單之後，不執行後續程式直到關閉表單為止。以 Modal 方式啟動之後，必須關閉表單，才會執行後面的程式。

通常 Show 方法若省略參數，就會以 Modal 方式啟動。這裡設定了常數 vbModeless，以 Modeless 啟動使用者表單。

【Show方法】

顯示使用者表單

語法：

[object].Show modal

參數：

    Modal：可以設定以 Modal 或 Modeless 顯示表單。常數 vbModal 是設定以 Modal 啟動，而 vbModeless 是設定以 Modeless 啟動。

           這個參數可以省略，省略時預設為 Modal。

❸ **更新進度條**

利用以下程式碼可以更新進度條或標籤目前的數值。

```
' 更新進度條
Call UpdateBar(i)
```

上面是呼叫 UpdateBar 程序，更新進度條的處理。

把變數 i 當作參數，藉此傳遞目前的迴圈次數。

另外，在呼叫出來的 UpdateBar 程序中，輸入以下程式碼

```vba
' 更新進度條
Sub UpdateBar(bar As Long)

    With UserForm1
        ' 進度條目前的值
        .ProgressBar1.Value = bar
        ' 標籤目前的值
        .lblNow.Caption = bar
    End With

End Sub
```

讓虛擬變數 bar 取得參數，設定使用者表單 UserForm1 的
程序及標籤目前的值（圖 11-33）。

圖 11-33

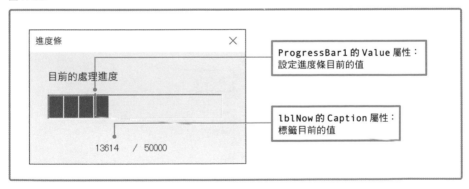

- 利用 ProgressBar1 的 Value 屬性設定進度條目前的值。

- 利用 lblNow 的 Caption 屬性設定目前顯示在標籤中的值。

❹ 關閉進度條

最後關閉進度條的程式碼如下所示。

```
' 關閉進度條
Unload UserForm1
```

關閉 UserForm1，結束進度條的顯示狀態。

利用以上程式碼，當完成 5 萬次迴圈處理後，就會自動關閉進度條。

避免取消或執行時發生錯誤

上述程式碼可以啟動進度條，執行完畢後關閉，不過還有一個問題。

使用者表單有「×」鈕，而且使用快速鍵 Alt + F4 也能關閉使用者表單。

可是目前的程式碼在顯示進度條時，按下「×」鈕，關閉視窗的話，會發生錯誤（圖 11-34）。

圖 11-34

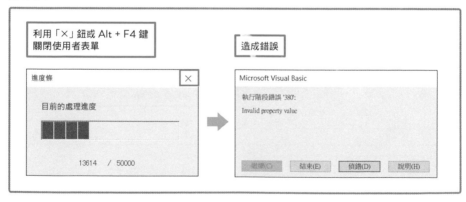

這是因為更新進度條的迴圈程式仍在執行，使用者卻急著關閉使用者表單，導致無法繼續操作進度條的屬性。因此要採取即使按下「×」鈕，也不會發生錯誤，可以中途關閉巨集的解決方式。

如何避免發生錯誤？

頭一個想到的方法是「乾脆禁用『×』鈕，讓使用者無法點擊？」其實的確有方法可以禁用「×」鈕，不過這樣仍無法解決按下快速鍵 Alt + F4 的問題。「那麼就讓使用者按下 Alt + F4 鍵也不會關閉表單吧！」可是這樣程式會變複雜。

因此，本節要說明有別於與禁用「×」鈕的方法。

「×」鈕先維持啟用狀態，不過執行了關閉表單的操作後，目前執行中的巨集（迴圈處理）也會全部結束，藉此防止發生錯誤（圖 11-35）。

圖 11-35

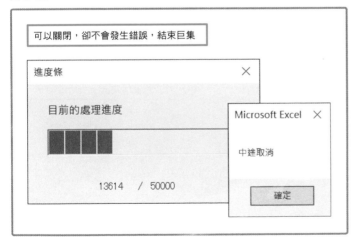

在使用者表單 QueryClose 事件程序中，
執行關閉前的處理

輸入關閉使用者表單前，自動執行的程式碼。在 VBE 左側的
專案總管，於「UerForm1」按下滑鼠右鍵，執行「檢視程式
碼」命令（圖 11-36）。

圖 11-36

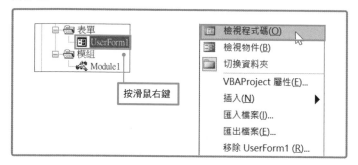

在右上方的下拉式選單中，選取「QueryClose」（圖 11-
37）。這樣就會插入新的程式（Private Sub UserForm_
QueryClose 程序）。

圖 11-37

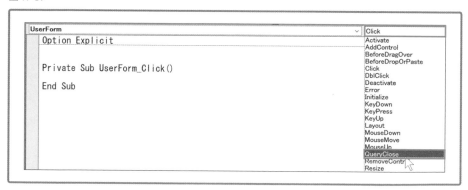

倘若如圖所示，已經自動插入 Private Sub UserForm_
Click() 程序時，請先刪除（圖 11-38）。

圖 11-38

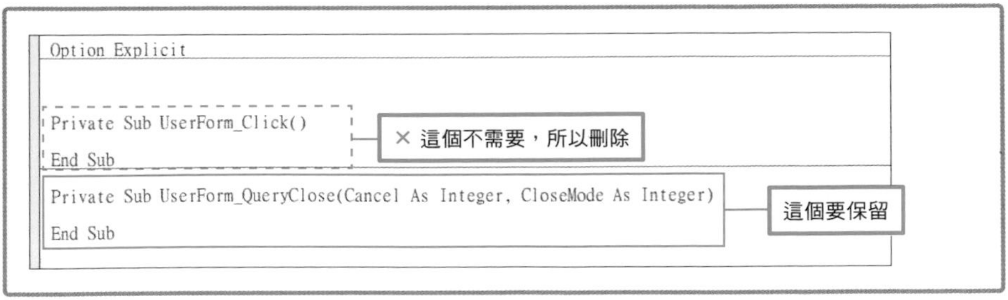

這裡在 UserForm_QueryClose 程序內描述了以下程式碼
（程式 11-5c）。

程式 11-5c：[FILE：**11-5a_b_c.xlsm**]

```
1   '關閉表單前的處理 Private Sub UserForm_QueryClose(Cancel As Integer,
2   CloseMode As
        Integer)
3
4       '使用 × 按鈕結束時
5       If CloseMode = 0 Then
6           MsgBox "中途取消"
7           End
8       End If
9
10  End Sub
```

UserForm_QueryClose 程序會取得虛擬參數 Cancel、
CloseMode。

這裡比較重要的是「CloseMode」，這個參數可以判斷是用什
麼方式關閉表單。如果是由使用者關閉表單，CloseMode 會
儲存「0」。因此，當 CloseMode 的值為 0 時，可以判斷使用
者執行了關閉表單的操作。

這裡利用 If 語法，設定分歧條件 If CloseMode = 0
Then。

```
, 使用 ✕ 按鈕結束時
If CloseMode = 0 Then
    MsgBox " 中途取消 "
    End
End If
```

End 陳述式會結束所有執行中的巨集。

因此，執行中的 5 萬次迴圈程序也會結束，可以防止出現之前
提到的錯誤。

重點整理

顯示進度條的方法應該沒有想像中困難吧！因為使用者表單原
本就準備了「ProgressBar Control」。

善用使用者表單，使用者在操作時也會比較輕鬆。第 12 章將
會特別說明使用者表單的運用方法，請一併參考。

第12章

建立團隊用的 VBA，
讓其他成員也能安心使用

建立任何人都能方便操作的巨集

本章要說明的主題是「團隊用的 VBA」。當你能開發出對工作有幫助的巨集時，也可能有機會要製作巨集給其他人使用。

此時，建立所有人都能輕易使用的巨集就很重要了。

因此本章要介紹以下兩個技巧。

> ◪ 利用事件程序建立操作之後即刻執行的巨集
> ◪ 利用使用者表單建立看起來容易使用的巨集

開始練習！

利用事件程序建立操作之後
即刻執行的巨集

本節要介紹「**事件程序**」。前面說明的巨集都必須由使用者主動按下按鈕，才能執行操作，這個步驟可以省略嗎？

此時，事件程序就能派上用場。事件程序會自動執行使用者執行過的某項操作（＝事件）（圖 12-1）。

圖 12-1

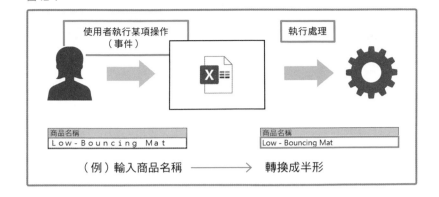

（例）輸入商品名稱 ——————→ 轉換成半形

利用事件程序可以建立以下巨集（圖 12-2）。

圖 12-2

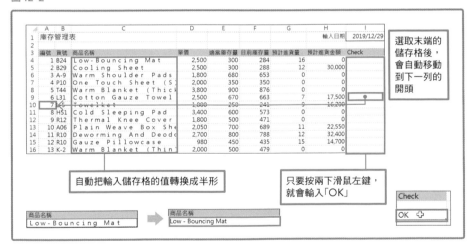

巨集概要

- 選取表格末端的儲存格，會自動移動到下一列的開頭。

- 只要按兩下滑鼠左鍵，就會輸入「OK」。

- 自動把輸入儲存格的值轉換成半形。

接著要建立以上巨集，同時學習事件程序的用法。

選取儲存格後執行處理
（SelectionChange/Change 事件）

選取儲存格後執行的事件程序

學習了本節説明的內容後，可以建立以下「選取 J 欄的儲存格後，會自動移動並選取下一列的 A 欄」的巨集（圖 12-3）。

圖 12-3

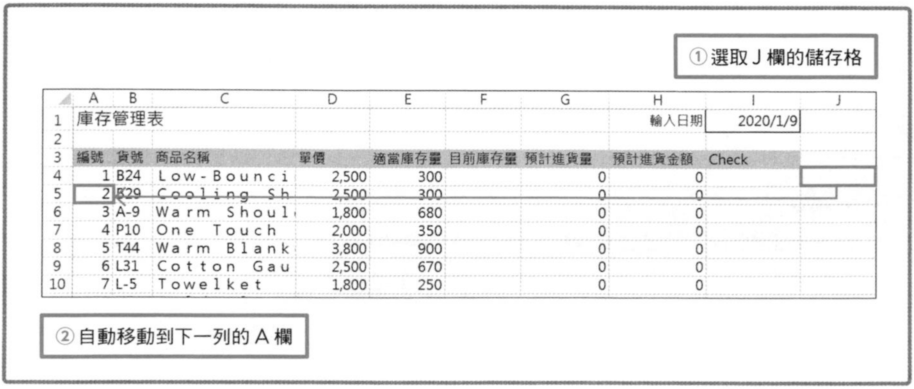

一般在 Excel 的表格內輸入資料時

輸入資料

➡ 用 Tab 鍵移動到右邊的儲存格

➡ 輸入資料

➡ ⋯

會反覆執行上面的步驟。

當游標移動到 J 欄後，利用事件程序，自動移動並選取下一列開頭的儲存格，這樣不是很方便嗎？如此一來，只要反覆利用 Tab 鍵移動，就能逐列前進並連續輸入資料。

接下來要説明建立上述巨集所需的知識，以及事件程序的用法。

事件與事件程序

上述案例中的「事件」與「事件程序」分別對應如下。

- **事件：使用者選取儲存格**
- **事件程序：移動儲存格**

換句話説，「使用者執行操作」稱作**「事件」**，「處理該事件」
稱作**「事件程序」**。

事件程序要寫在哪裡？
活頁簿模組或工作表模組

事件程序應該要寫在哪裡？

其實<u>不能寫在「標準模組」內，而得寫在**「活頁簿模組」**或
「工作表模組」</u>。可能有人是頭一次聽到這種作法，因此以下
先説明這一點。

請檢視 VBE。通常 VBE 會在畫面左側顯示「專案總管」（圖
12-4）。

〈 如果沒有顯示，請執
行「檢視 → 專案總
管」命令。

圖 12-4

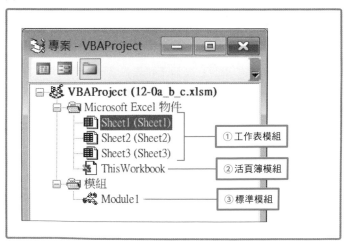

圖中的 ① 稱作工作表模組，② 稱作活頁簿模組。

一般的 VBA 入門書都會教大家「巨集請寫在③ 標準模組」。可是描述事件程序時，必須選擇① 工作表模組或② 活頁簿模組。以下先說明這些模組的差異。

活頁簿模組與工作表模組的差異

活頁簿模組是描述對整個活頁簿的處理。

工作表模組是描述對單一工作表的處理。

例如：「選取儲存格之後，執行某項處理」描述這種事件程序時，可以寫在活頁簿模組或工作表模組，但是兩者會產生表 12-1 的差異。

表 12-1

在活頁簿模組內描述事件程序	在活頁簿內的任何一個工作表選取儲存格時，就執行處理
在工作表模組內描述事件程序 （※ 假設在 Sheet1 的工作表模組內描述）	只有在 Sheet1 選取儲存格之後執行處理

換句話說，在活頁簿模組描述時，會對整個工作表，也就是活頁簿內的每個工作表執行相同事件程序。相對來說，在工作表模組內描述時，只有單一工作表會執行處理。

「應該怎麼選？」無法一概而論，但是如果想在多個工作表描述相同處理時，使用活頁簿模組的效率比較好。若是限定單一工作表的處理，最好描述在工作表模組內。請依照想製作的巨集內容及情況來選擇。

兩者的程序寫法略有不同，以下先來瞭解其中的差異及具體的內容。

在工作表模組描述事件程序

我們先在工作表模組描述事件程序。在專案總管內的「Sheet1」按兩下滑鼠左鍵，或按下右鍵，執行「檢視程式碼」命令（圖 12-5）。

圖 12-5

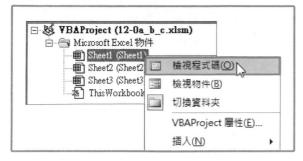

此時會顯示空白的原始碼（根據設定，有時會預設顯示
「Option Explicit」）。按一下原始碼左上方的下拉式選
單，選擇「Worksheet」（圖 12-6），就會自動插入程式碼（圖
12-7）。

圖 12-6

圖 12-7

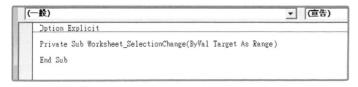

這裡的「Private Sub Worksheet_SelectionChange」
程序就是一種事件程序。

「Worksheet_SelectionChange」是更改了選取的儲存
格時（稱作 SelectionChange 事件），就會執行的程序。
例如，在選取了儲存格 A1 的工作表中，使用者選取了 A2 儲
存格，就會執行事件程序。

增加其他事件程序的方法？

在剛才的操作中，只要在程式左上方的「物件」選取「Worksheet」，就會自動插入事件程序「Worksheet_SelectionChange」。如果想增加其他事件程序，請按下程式碼右上方的下拉式選單（圖12-8）。

圖 12-8

下拉式選單會顯示各種事件程序，選取其中一種程序，就會將該程序自動加在程式碼中。建立事件程序時，使用這種方法就很方便，請先記下來。

輸入 SelectionChange 事件程序

接著請在剛才插入的 Worksheet_SelectionChange 程序輸入以下程式碼。

程式 12-0a：[FILE：**12-0a_b_c.xlsm**]

```
Private Sub Worksheet_SelectionChange(ByVal Target As Range)

    MsgBox " 選取儲存格 "

End Sub
```

然後在工作表（**Sheet1**）選取任何一個儲存格。此時會執行事件程序，並顯示訊息方塊（圖 12-9）。

圖 12-9

Microsoft Excel　　×

選取儲存格

確定

限制儲存格範圍（參數 Target）

接著要稍微改善程式。剛才的程式不論選擇哪個儲存格都會顯示訊息，可是有時不需要對全部的儲存格執行相同處理，而是只有選取特定儲存格才要執行處理。

因此我們將程式碼做了以下調整。

程式 12-0b：[FILE：**12-0a_b_c.xlsm**]

```
Private Sub Worksheet_SelectionChange(ByVal Target As Range)

    If Target = Range("A1") Then

        MsgBox " 選取儲存格 "

    End If

End Sub
```

上面加入了 If 語法，意指「假如選取的儲存格是 A1，就輸出訊息」。

這裡的 Target 是什麼意思？這是程序取得的參數值，代表把「使用者選取的儲存格範圍」當作 Range 型來取得。例如，使用者選取了 A1 儲存格後，變數「Target」會以 Range 型傳遞 A1 這個儲存格範圍。

〈 就像是設定成 Range("A1")。

因此，使用 If 語法描述 Target = Range("A1") Then，可以判斷 Target 的儲存格範圍是否與 A1 一致。

如以上所示，事件程序有幾種取得「Taget」參數的類型。

如何以多個儲存格範圍為對象？

剛才「限制儲存格範圍」的方法有個問題，就是設定範圍如果是多個儲存格時，會很不方便。假設以圖 12-10 的儲存格範圍為對象，套用 SelectionChange 事件的處理。

圖 12-10

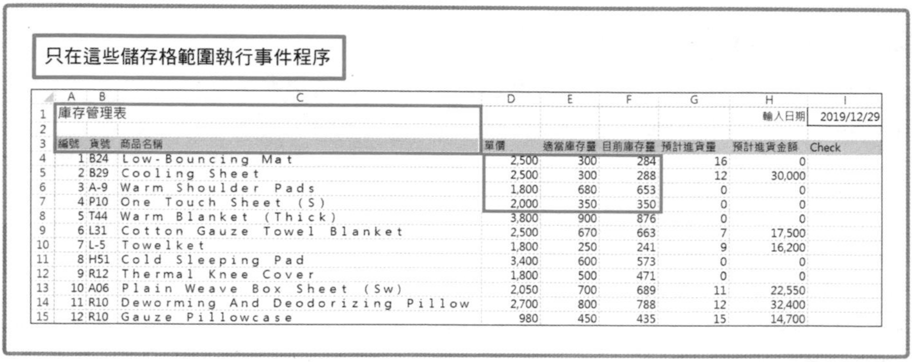

	A	B	C	D	E	F	G	H	I
1	庫存管理表							輸入日期	2019/12/29
2									
3	編號	貨號	商品名稱	單價	適當庫存量	目前庫存量	預計進貨量	預計進貨金額	Check
4	1	B24	Low-Bouncing Mat	2,500	300	284	16	0	
5	2	B29	Cooling Sheet	2,500	300	288	12	30,000	
6	3	A-9	Warm Shoulder Pads	1,800	680	653	0	0	
7	4	P10	One Touch Sheet (S)	2,000	350	350	0	0	
8	5	T44	Warm Blanket (Thick)	3,800	900	876	0	0	
9	6	L31	Cotton Gauze Towel Blanket	2,500	670	663	7	17,500	
10	7	L-5	Towelket	1,800	250	241	9	16,200	
11	8	H51	Cold Sleeping Pad	3,400	600	573	0	0	
12	9	R12	Thermal Knee Cover	1,800	500	471	0	0	
13	10	A06	Plain Weave Box Sheet (Sw)	2,050	700	689	11	22,550	
14	11	R10	Deworming And Deodorizing Pillow	2,700	800	788	12	32,400	
15	12	R10	Gauze Pillowcase	980	450	435	15	14,700	

利用 If 語法比較設定範圍及 Target 的方法會讓程式變得很複雜。因此以下要介紹使用「**Intersect 方法**」，設定儲存格範圍。

程序 12-0c：[FILE：12-0a_b_c.xlsm]

```
Private Sub Worksheet_SelectionChange(ByVal Target As Range)

    '目標儲存格範圍
    Dim sRng As Range
    Set sRng = Union(Range("A1:C3"), Range("D4:F7"))

    '相交範圍
    Dim iRng As Range
```

```
    Set iRng = Intersect(sRng, Target)

    ' 如果與目標儲存格範圍相交就執行
    If Not iRng Is Nothing Then

        MsgBox " 選取儲存格 "

    End If

End Sub
```

上述程式能以多個儲存格範圍為對象，讓我們逐一說明。

```
' 目標儲存格範圍
Dim sRng As Range
Set sRng = Union(Range("A1:C3"), Range("D4:F7"))
```

這裡把目標儲存格範圍宣告為 Range 型的變數「sRng」，使用 **Union 方法** 合併兩個 Range。Union 方法可以利用 Union(儲存格範圍 , 儲存格範圍 ,…)，把多個 Range 的儲存格範圍合併成一個（圖 12-11）。

與在工作表上，按住 Ctrl 鍵不放並用滑鼠拖曳選取多個儲存格範圍的狀況類似。

圖 12-11

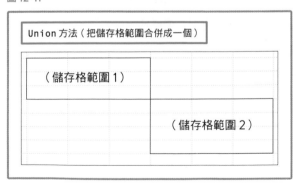

建立團隊用的 VBA，讓其他成員也能安心使用　　343

```
' 相交範圍
Dim iRng As Range
Set iRng = Intersect(sRng, Target)
```

這裡宣告了 Range 型的變數「iRng」，接著使用 Intersect
方法，比較儲存在 sRng 的儲存格範圍及 Target 的儲存格
範圍，求出相交範圍，並把結果儲存在 iRng。這究竟是什麼
意思？以下再稍微詳細説明。首先，Intersect 方法利用
Intersect(儲存格範圍, 儲存格範圍, …)，傳回範圍彼此
相交（重疊）的儲存格範圍（圖 12-12）。

圖 12-12

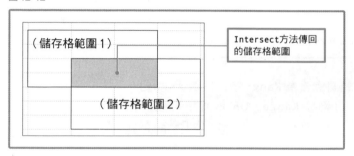

上述程式利用 Intersect 方法，求出 sRng 與 Target 的相
交範圍，因為這樣可以產生「如果相交就執行處理」的條件。

最後是以下程式碼

```
' 如果與目標儲存格範圍相交就執行
If Not iRng Is Nothing Then

    ' 處理內容（省略）

End If
```

由於條件式為 Not iRng Is Nothing，所以判斷條件是
「iRng 如果非空白…」。利用剛才的 Intersect 方法，查

詢設定的儲存格範圍（sRng）與使用者選取的儲存格範圍
（Target）相交的部分，並把結果儲存在 iRng。倘若沒有
相交，iRng 將會是空白，因為沒有儲存任何範圍。相對來
說，如果相交，就會在 iRng 放入某個值，即可執行處理。

使用上述方法，就算是複雜的儲存格範圍也能套用事件程序，
非常方便，請務必試試看。

如何製作選取 J 欄後就移動到下一列開頭的巨集？

接下來要製作本章一開始提到「製作選取 J 欄後就自動選取下
一列開頭的巨集」（程式 12-1）。

程式 12-1：[FILE：**12-1.xlsm**]

```
1   Private Sub Worksheet_SelectionChange(ByVal Target As Range)
2
3       '目標儲存格範圍
4       Dim sRng As Range
5       Set sRng = Range("J:J")
6
7       '相交範圍
8       Dim iRng As Range
9       Set iRng = Intersect(sRng, Target)
10
11      '如果與目標儲存格範圍相交就執行
12      If Not iRng Is Nothing Then
13
14          Cells(Target.Row + 1, 1).Select
15
16      End If
17
18  End Sub
```

上述程式碼在目標儲存格的變數 sRng 儲存 Range("J:J")，藉此儲存整個 J 欄。此外，利用 If 語法，執行目標儲存格與 Target 是否相交的條件。如果是 True，會用 Cells (Target.Row + 1, 1).Select 選取目前 Target 的列 +1 列第一欄的儲存格。

利用上述方式，選取了 J 欄的儲存格之後，就會自動選取下一列開頭的儲存格。

如何在整個活頁簿套用相同事件處理？

前面的說明是在工作表模組內編寫程式，這樣程序內的處理只會在「Sheet1」執行。假如希望 Sheet2、Sheet3 等活頁簿內所有工作表都能執行相同處理的話，該怎麼做呢？以下要說明「在活頁簿模組編寫程式」的方法。

在 VBE 的專案總管，於「ThisWokbook」按兩下滑鼠左鍵（或按滑鼠右鍵，執行「檢視程式碼」命令）（圖 12-13）。

圖 12-13

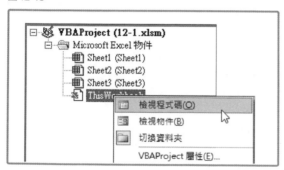

這樣會顯示空白的原始碼（依照設定，預設值會顯示「Option Explicit」）。

按一下原始碼左上方的下拉式選單，選取「Workbook」（圖 12-14），就會自動插入程式碼（圖 12-15），可是這次不需要這個程式碼。

圖 12-14

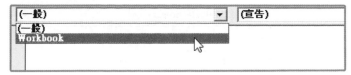

圖 12-15

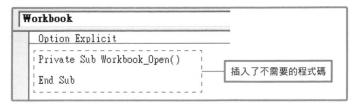

按一下原始碼右上方的下拉式選單，執行「Sheet Selection Change」（圖 12-16）。

圖 12-16

此時會插入新的程式碼，這個「Private Sub Workbook_ SheetSelectionChange」是這次想增加的程序（圖 12-17）。

圖 12-17

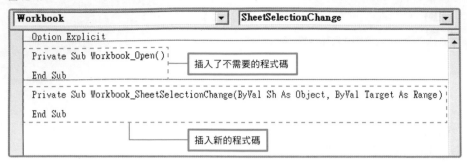

這個「Workbook_SheetSelectionChange」程序是在整個活頁簿內選取了儲存格之後，會執行處理的程序。換句話說，和前面在工作表模組描述的「Worksheet_Selection Change」幾乎一樣。以下先整理兩者的差異（表 12-2）。

表 12-2

程序名稱	描述程式碼的場所	說明
Worksheet_SelectionChange	工作表模組	在工作表內選取儲存格後執行處理
Workbook_SheetSelectionChange	活頁簿模組	在活頁簿內的任何一個工作表選取了儲存格之後執行處理

如上所示，在工作表模組描述的「Worksheet_Selection Change」及在活頁簿描述的「Workbook_SheetSelection Change」除了套用範圍之外，其他幾乎一樣。

但是在活頁簿模組的「Workbook_SheetSelection Change」程序增加了參數「Sh As Object」。這個參數是什麼？這是把「發生事件的工作表」當作物件傳遞的參數，利用這個參數可以只在活頁簿內的特定工作表執行處理。

例如：

```
' 工作表名稱為「Sheet1」或「Sheet2」就執行處理
If Sh.Name = "Sheet1" Or Sh.Name = "Sheet2" Then
    ' 處理內容
End If
```

只有條件一致的工作表會執行事件處理。

在工作表與活頁簿執行相同處理的事件程序範例

如上所示，有幾個事件程序不論是用於工作表模組用或活頁簿模組，都會執行相同處理，表 12-3 介紹了具有代表性的範例。

表 12-3 只挑選了具有代表性的例子，還有其他事件程序。

表 12-3

在工作表模組描述	在活頁簿模組描述	說明
Worksheet_SelectionChange	Workbook_SheetSelectionChange	選取了儲存格時執行處理
Worksheet_Change	Workbook_SheetChange	更改了儲存格的值時執行處理
Worksheet_BeforeDoubleClick	Workbook_SheetBeforeDoubleClick	在儲存格上按兩下滑鼠左鍵後執行處理
Worksheet_Activate	Workbook_SheetActivate	啟動工作表時執行處理

按兩下滑鼠左鍵後執行處理
（BeforeDoubleClick/SheetBeforeDoubleClick 事件）

在儲存格按兩下滑鼠左鍵後執行的事件程序

這裡要建立的事件程序是，在表格內「Check」欄的儲存格按兩下滑鼠左鍵後，自動輸入「OK」，並以淺黃色填滿儲存格（圖 12-18）。

倘若在已經輸入「OK」的儲存格按兩下滑鼠左鍵，會刪除字串，或將填色變成「無」。

圖 12-18

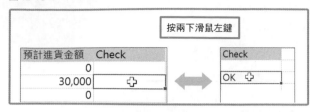

首先在「Sheet1」的工作表模組中，選擇「Worksheet」物件及「BeforeDoubleClick」程序（圖12-19），這樣就會插入 Worksheet_BeforeDoubleClick 程序（圖12-20）。我們可以在這個事件程序描述於儲存格按兩下滑鼠左鍵後要執行的處理。

圖 12-19

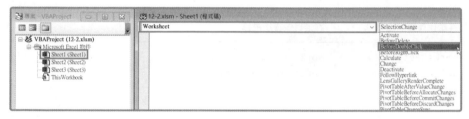

圖 12-20

```
Private Sub Worksheet_BeforeDoubleClick(ByVal Target As Range, Cancel As Boolean)
End Sub
```

程式碼如程式 12-2 所示。

程式 12-2：[FILE：**12-2.xlsm**]

```
1   Private Sub Worksheet_BeforeDoubleClick(ByVal Target As Range,
    Cancel As Boolean)

2

3       ' 判斷是否在 I 欄第 3 列之下
4       If Target.Column = 9 And Target.Row > 3 Then

5
```

```
 6            ' 儲存格的值不是 "OK" 時
 7         If Target.Value <> "OK" Then
 8             Target.Value = "OK"
 9             Target.Interior.color = RGB(255, 255, 150)
10
11            ' 否則
12         Else
13             Target.Value = ""
14             Target.Interior.color = xlNone
15         End If
16
17            ' 取消按兩下滑鼠左鍵的處理
18         Cancel = True
19      End If
20
21   End Sub
```

以下要說明程式 12-2 的重點。

```
' 判斷是否在 I 欄第 3 列之下
If Target.Column = 9 And Target.Row > 3 Then
```

為了將目標儲存格範圍限制為表格「Check」欄的第 3 列之
後，因此條件設定為 Target 的欄為 9，而且列大於 3。

```
' 儲存格的值不是 "OK" 時
If Target.Value <> "OK" Then
    ' (省略)
' 否則
Else
    ' (省略)
End If
```

接下來的條件分成在 Target 的儲存格沒有輸入 "OK" 時，以及已經輸入時。

利用參數「Cancel」取消之後的處理

最後的重點是

```
' 取消按兩下滑鼠左鍵的處理
Cancel = True
```

這個程式碼採取了取消按兩下滑鼠左鍵的處理措施。

「按兩下滑鼠左鍵的處理」是什麼意思？這是指一般在 Excel 的工作表上，於儲存格按兩下滑鼠左鍵時，一定會執行的處理。請見圖 12-21 的說明。

圖 12-21

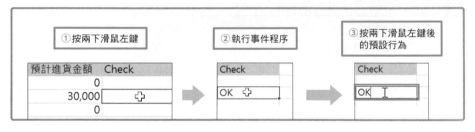

一般在儲存格按兩下滑鼠左鍵會發生什麼事？儲存格會呈現可編輯狀態，並顯示輸入文字用的游標，這就是「按兩下滑鼠左鍵的處理」。

可是這次的巨集只想「在儲存格按兩下滑鼠左鍵後，輸入『OK』」就結束，所以上述處理反而會造成干擾，因此利用 Cancel = True 取消。

此外，我們把變數「Cancel」當成這次 Worksheet_BeforeDoubleClick 程序的參數，傳遞 Boolean 型的「Cancel」參數。Cancel 的值預設為「False」，賦值為「True」後，就可以取消在事件後按兩下滑鼠左鍵的處理。

除了這次的例子，還有其他取得參數「Cancel」的事件程序，製作巨集時，請善加運用。

在儲存格輸入後自動執行處理
（SheetChange/Change 程序）

建立輸入儲存格後會自動轉換成半形的巨集

這裡要建立在 B 欄～ C 欄的儲存格輸入值之後，就會自動由全形轉換成半形的巨集。例如：輸入「Ｌｏｗ－Ｂｏｕｎｃｉｎｇ Ｍａｔ」，就會自動轉換成「Low-Bouncing Mat」（圖12-22）。

圖 12-22

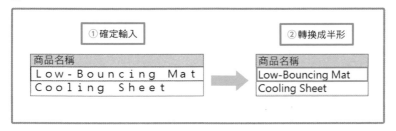

首先在「Sheet1」的工作表模組，選擇「Worksheet」物件及「Change」程序（圖 12-23），就會插入程式碼（圖 12-24）。「Worksheet_Change」程序可以描述當儲存格的值改變時所執行的處理。

圖 12-23

圖 12-24

```
Private Sub Worksheet_Change(ByVal Target As Range)
End Sub
```

接著一起來檢視程式 12-3。

程式 12-3：[FILE：**12-3.xlsm**]

```vba
1    Private Sub Worksheet_Change(ByVal Target As Range)
2
3        ' 目標儲存格範圍
4        Dim sRng As Range
5        Set sRng = Range("B:C")
6
7        ' 相交範圍
8        Dim iRng As Range
9        Set iRng = Intersect(sRng, Target)
10
11       ' 判斷是否只有一個儲存格與目標儲存格相交
12       If Not iRng Is Nothing Then
13           If iRng.Count = 1 Then
14
15               ' 讓事件暫停
16               Application.EnableEvents = False
17
18               ' 轉換為半形
19               Dim str As String
20               str = Target.Value
21               str = StrConv(str, vbNarrow)
22               Target.Value = str
23
24               ' 讓事件繼續
25               Application.EnableEvents = True
26
27           End If
28       End If
29   End Sub
```

這裡要說明程式 12-3 的重點部分。在以下的條件中

```
' 判斷是否只有 1 個儲存格與目標儲存格相交
If Not iRng Is Nothing Then
    If iRng.Count = 1 Then
```

在變數 iRng 儲存目標儲存格範圍（sRng）與 Taget 相交的部分。判斷 iRng 是否為空白（Nothing），確定 Target 是否在目標儲存格範圍內。

若有多個儲存格範圍，後續的處理會變複雜，因此這裡省略。

此外，條件式 iRng.Count = 1 是判斷相交的儲存格是否只有一個，避免選取範圍時，在多個儲存格按兩下而發生錯誤。

防止事件無限迴圈（Application.EnableEvents）

此外，請注意以下描述。

```
' 讓事件暫停
Application.EnableEvents = False
' 轉換為半形
Dim str As String
str = Target.Value
str = StrConv(str, vbNarrow)
Target.Value = str
' 讓事件繼續
Application.EnableEvents = True
```

在執行轉換為半形的處理之前，在 Application.Enable Events 程序賦值為 False。這是什麼意思？ Application. EnableEvents 程序可以用 ON/OFF 切換事件發生與否。如果是 True，接受事件發生；若為 False，則暫時停止。

為什麼必須切換事件發生與否呢？這是為了避免陷入「無限迴圈」。這次的 Change 事件會形成無限迴圈，所以要特別注意。

上述程式碼利用 Target.Value = str 改寫 Target 的值，這樣會對「改寫了值」的事件開始執行 Worksheet_Change 程序。因為某個程序而發生事件，然後又再次呼叫程序，造成連鎖反應，就可能形成無限迴圈。因此使用 Worksheet_Change 事件時，必須特別留意（圖12-25）。

圖12-25

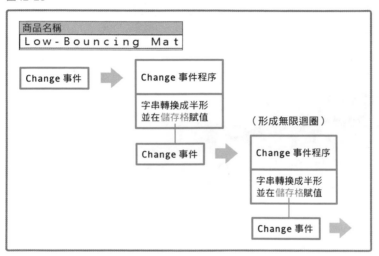

因此先加上 Application.EnableEvents = False，當作停止事件發生的對策。

在變數 str 儲存 Target 的字串，使用 StrConv 函數，把格式轉換成半形，最後將 str 的值賦值給 Target 的值。

結束處理後，別忘了利用 Application.EnableEvents = True 讓事件繼續。

重點整理

掌握了事件程序後，就能用和過去不同的方法來執行巨集。

StrConv 函數會把字串轉換成設定的字元類型並傳回。在第一參數設定目標字串，第二參數設定字元類型。

這次是利用「vbNarrow」，把字元類型改為半形。

此外，還可以利用巨集，建立讓使用者輕鬆執行 Excel 操作的
功能，例如：方便輸入資料的輔助功能等，請務必挑戰看看。

\ 開始練習！ /

利用使用者表單製作外觀
也方便辨識的巨集

本節要說明「使用者表單」。

使用者表單是一種可以建立表單格式視窗，讓使用者輕易瞭解
並操作巨集的機制。本節要練習製作圖 12-26 的使用者表單。

第 11 章「加快巨集
的速度」在建立進度
條時，使用了使用者
表單。

圖 12-26

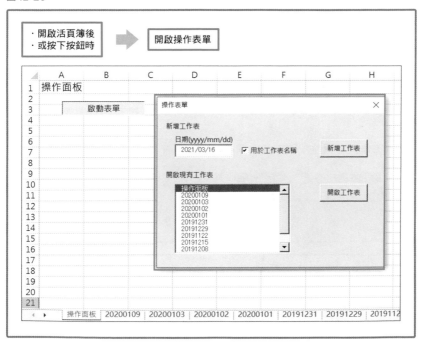

利用使用者表單讓巨集變得更方便的案例

這次要介紹的使用者表單有以下功能。

功能①：輸入日期並按下按鈕，會自動建立新的工作表並命名。

根據庫存管理表的範本工作表，自動建立的新庫存管理表。在使用者表單輸入的日期會設定為工作表名稱（圖12-27）。

圖 12-27

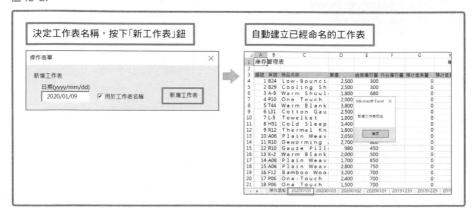

功能②：選取工作表名稱並按下按鈕，開啟特定工作表

在清單中顯示活頁簿內所有的工作表。選取其中一個工作表名稱，就會立刻開啟特定的工作表（圖12-28）。

圖 12-28

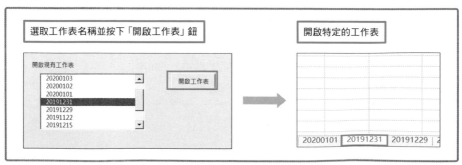

建立使用者表單

建立使用者表單

如果要製作使用者表單，在 VBE 的專案總管按下滑鼠右鍵，
執行「插入」→「自訂表單」命令，就會增加名稱預設為
「UserForm1」的表單。

圖 12-29：（FILE：12-4a.xlsm）

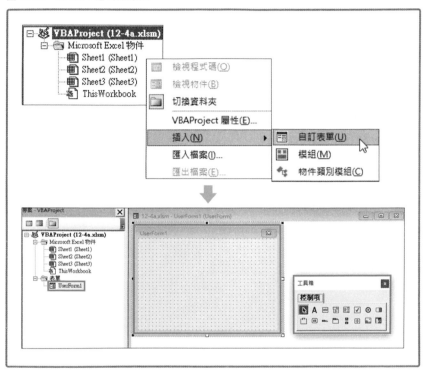

表單呈現空白狀態，沒有置入按鈕等（這裡稱作「控制項」）。
此外，顯示使用者表單的同時，也會顯示「工具箱」。利用工
具箱可以在表單內增加各種控制項（圖 12-30）。

圖 12-30

工具箱內的按鈕大致可以分成兩種，一種是選取控制項的按
鈕，另一種是增加控制項的按鈕。這裡要再次確認使用者表單
的完成圖（圖 12-31）。

圖 12-31

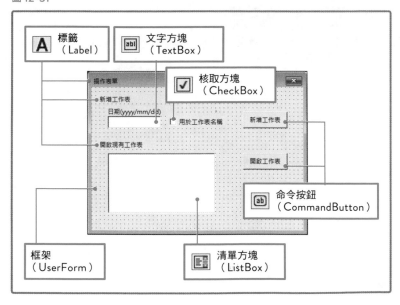

上述表單使用了以下五種控制項（表 12-4）。

表 12-4：控制項（其他還有許多種類的控制項）

控制項名稱	說明
標籤（Label）	這是可以在表單上置入字串的控制項。使用者無法直接輸入或更改。
文字方塊（TextBox）	這是使用者可以輸入文字的方塊
核取方塊（CheckBox）	這是使用者可以選擇勾選或不勾選的方塊
命令按鈕（CommandButton）	使用者可以利用點擊操作執行按鈕
清單方塊（ListBox）	這是使用者可以從清單中選取資料的方塊

增加第一個控制項

接下來要增加第一個控制項（圖 12-32）。

按一下工具箱的「標籤」按鈕，滑鼠的游標會變成「＋」形，然後在表單上拖曳出適當大小，就能增加標籤。預設會顯示「Label1」字串，這個值可以改變。如果要更改，必須調整「屬性」。

> 如果沒有顯示屬性視窗，請執行「檢視」→「屬性視窗」命令。

圖 12-32

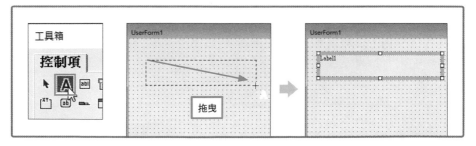

更改屬性

要調整標籤的字串或物件名稱，就要修改屬性。按一下標籤，在選取狀態下，檢視畫面左側的「屬性視窗」（圖 12-33）。

圖 12-33

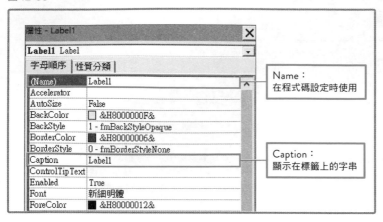

這裡要先確認以下兩個部分（表 12-5 ）。

表 12-5

屬性	說明
Name	這是物件的名稱。在 VBA 的程式碼設定對象時，會使用物件名稱
Caption	這是顯示在標籤上的字串。預設會代入「Label1」，改寫這裡的值，顯示在標籤的字串就會改變

這裡先在 Caption 屬性輸入「新增工作表」，確定之後，標籤就會套用相同字串（圖 12-34 ）。

圖 12-34

只要如下改變各個控制項的屬性，就能更改物件名稱及設定。

增加其他控制項

和標籤一樣，增加其他控制項，並且更改屬性（圖 12-35）。
表 12-6 顯示了新增的控制項及必須更改的屬性。此外，① 的
「使用者表單」是設定表單本身的屬性，只要按一下表單的空
白部分，就能瀏覽使用者表單的屬性。

圖 12-35：〔FILE：12-4b.xlsm〕

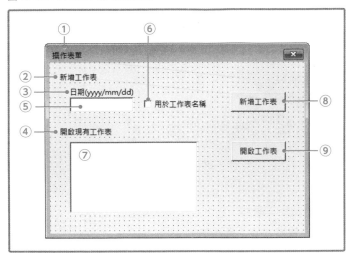

表 12-6

控制項名稱	屬性
① 使用者表單	Name：維持預設值（UserForm1） Caption：更改成「操作表單」
② 標籤（完成新增）	Name：維持預設值 Caption：更改成「新增工作表」
③ 標籤	Name：維持預設值 Caption：更改成「日期 (yyyy/mm/dd)」
④ 標籤	Name：維持預設值 Caption：更改成「開啟現有工作表」
⑤ 文字方塊	Name：更改成「txtDate」

⑥ 文字方塊	Name：更改成「chkBox」 Caption：更改「用於工作表名稱」
⑦ 清單方塊	Name：更改成「lstBox」
⑧ 命令按鈕	Name：更改成「btnAdd」 Caption：更改成「新增工作表」
⑨ 命令按鈕	Name：更改成「btnOpen」 Caption：更改成「開啟工作表」

補充說明：應該更改物件名稱與
不用更改物件名稱的差異？

在剛才的控制項清單中，包括更改「物件名稱（Name）」及不更改，維持預設狀態。兩者的差異是什麼？簡單來説，「利用 VBA 程式碼呼叫該控制項的機會較多者，應該改成容易瞭解的物件名稱。」

程式碼設定控制項時，常會用到物件名稱，因此先改成比較容易瞭解的物件名稱，運用起來較為方便。另一方面，「標籤」等控制項（在這次的巨集中）在用程式碼呼叫出來後，不會更改屬性，因此維持預設的物件名稱也沒有問題。

啟動使用者表單的方法

如何啟動已經完成的表單？以下要介紹三種方法。

【偵錯】按下巨集的執行鈕，啟動表單

【實用】從模組啟動表單（在工作表內置入按鈕）

【應用】開啟活頁簿之後，自動啟動表單（事件程序）

【偵錯】按下巨集的執行鈕，啟動表單

以偵錯為目的時，按下「執行 Sub 或 UserForm」鈕，就可以
啟動（圖 12-36）。

圖 12-36

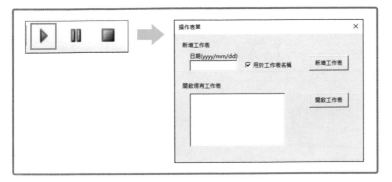

由於表單只置入了各種控制項，所以按下表單上的按鈕也不會
產生任何反應。

關閉表單時，請按下右上方的「×」鈕。

【實用】從模組啟動表單（在工作表內置入按鈕）

如果要啟動巨集在專案內的使用者表單，可以描述表單的物件
名稱 .Show。

例如，此次使用者表單的物件名稱是「User Form1」，所以
輸入 UserForm1.Show，就可以啟動使用者表單。

如程式 12-5 所示，在模組加入程式碼。

程式 12-5 ： [FILE ： **12-5_to_7.xlsm**]

```
Sub OpenForm()

    '啟動表單
    UserForm1.Show

End Sub
```

< 這個程式碼請寫在模
組裡。

執行上述程式可以啟動使用者表單「UserForm1」。

此外，還要設定能用按鈕啟動上面建立的「OpenForm」
程序。在活頁簿「操作面板」工作表置入按鈕，並與巨集
「OpenForm」連結（圖12-37）。

如果要在工作表置入
按鈕，請在 Excel 畫
面的「開發人員」
標籤，按下「插
入」鈕，選取左上
方的「按鈕（表單
控制項）」，在工作
表上拖曳，接著在
「巨集名稱」選取
「OpenForm」，按
下「確定」鈕。

圖 12-37：「**操作面板**」**工作表置入按鈕**

	A	B	C
1	操作面板		
2			
3		啟動表單	
4			
5			
6			

【應用】開啟活頁簿之後，自動啟動表單（事件程序）

接著要說明開啟活頁簿之後，自動啟動使用者表單的方法，亦
即針對「（使用者）開啟了活頁簿」的事件，自動執行「啟動
表單」的處理。換句話說，這裡要運用到上一節說明過的事件
程序。在 VBE 的專案總管，於「ThisWorkbook」按兩下滑
鼠左鍵，開啟活頁簿模組，此時程式碼是空白的。

接著在程式碼左上方的下拉式選單選取「Workbook」（圖12-
38），就會自動插入 Workbook_Open 程序（圖12-39）。

圖 12-38

```
(一般)                                    ▼  (宣告)
(一般)
Workbook
```

圖 12-39

```
Private Sub Workbook_Open()
End Sub
```

這是在開啟活頁簿時（稱作 Open 事件）執行的事件程序。這裡先輸入開啟使用者表單的 UserForm1.Show 方法。

```
Private Sub Workbook_Open()

    ' 啟動表單

    UserForm1.Show

End Sub
```

這樣在開啟活頁簿後，就會自動啟動使用者表單。

使用者表單的初始化處理
(UserForm_Initialize)

何謂使用者表單的初始化？
一開始在表單輸入值！

以下將再次確認最後的表單（圖12-40）。

圖12-40

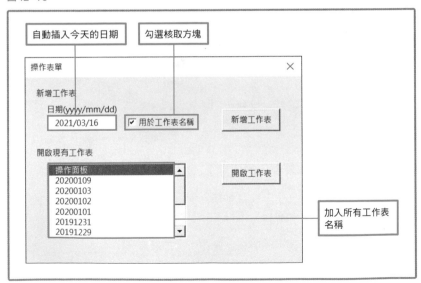

啟動表單之後，會呈現以下狀態。

- **在文字方塊自動插入今天的日期**

- **自動勾選核取方塊**

- **在清單方塊中，加入所有工作表名稱**

如上所示，一開始就輸入這些值，對使用者而言會非常方便。
但是在預設狀態不會執行這些處理，利用表單的「**初始化處理**」才能達成。

使用者表單的初始化處理是啟動表單前所執行的工作（圖12-41）。

圖 12-41

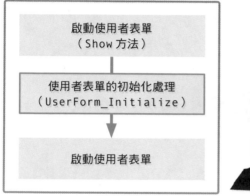

在 **UserForm_Initialize 程序**可以執行初始化處理。接下來將說明每個初始化處理。

文字方塊的初始化（自動插入今天的日期）

首先要建立的初始化處理是在文字方塊自動插入今天的日期。
按照以下步驟插入 UserForm_Initialize。

在表單的設計畫面，於使用者表單（空白）按兩下滑鼠左鍵，
或按下滑鼠右鍵，執行「檢視程式碼」命令（圖12-42），這
樣會插入「UserForm_Click」事件程序，但是我們不需要
這個程式碼（圖12-43）。

圖 12-42

圖 12-43

插入了不要的程式碼

在程式碼左上方的下拉式選單選取「UserForm」，接著在右上方的下拉式選單選擇「Initialize」（圖12-44）。

圖 12-44

這樣會插入 UserForm_Initialize 程序。

在這裡描述初始化的處理（程式 12-6）。

程式 12-6：[FILE：**12-5_to_7.xlsm**]

```
Private Sub UserForm_Initialize()

    ' 在文字方塊插入今天的日期
    txtDate.Value = Format(Now, "YYYY/MM/DD")

End Sub
```

這個程式碼在文字方塊（物件名稱「txtDate」）的 Value 屬性賦值今天的日期。Value 屬性是指文字方塊內的值。

此外，Now 函數會傳回今天的日期時間，例如："2021/03/16 下午 2:43:07"，而且 Format 函數會把格式轉換成 YYYY/MM/DD，如 "2021/03/16"。

如此一來，啟動使用者表單時，就會在文字方塊自動插入今天的日期（圖 12-45）。

圖 12-45

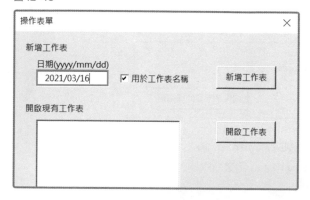

核取方塊的初始化（自動勾選）

接著要説明核取方塊的初始化方法。和剛才一樣，在 UserForm_Initialize 程序描述程式碼。

程式 12-7：[FILE：**12-5_to_7.xlsm**]

```
Private Sub UserForm_Initialize()

    ' 在文字方塊插入今天的日期
    txtDate.Value = Format(Now, "YYYY/MM/DD")

    ' 勾選核取方塊
    chkBox.Value = True

End Sub
```

上述程式碼在核取方塊（物件名稱「chkBox」）的 Value 屬性賦值為 "True"。

核取方塊的 Value 屬性值如果為 "True"，表示要勾選，若為 "False"，則是不勾選。上述的程式碼是設定成在啟動使用者表單時，勾選核取方塊。

清單方塊的初始化（加入所有的工作表名稱）

以下要說明清單方塊的初始化方法。清單方塊在預設狀態是不儲存任何值，呈現空白狀態（圖 12-46）。增加字串，能在方塊內以清單格式顯示多個字串。接著要檢視具體的程式碼並進行解說（程式 12-8）。

圖 12-46

程式 12-8：[FILE：**12-8.xlsm**]

```
Private Sub UserForm_Initialize()

    ' 在文字方塊插入今天的日期
    txtDate.Value = Format(Now, "YYYY/MM/DD")

    ' 勾選核取方塊
    chkBox.Value = True

    ' 初始化清單方塊（把所有的工作表名稱加入 Item 內）
```

接下頁

```
    Dim sh As Worksheet
    For Each sh In Worksheets
        lstBox.AddItem sh.Name
    Next sh

    ' 選取第一個工作表名稱
    lstBox.Selected(0) = True

End Sub
```

以下將重點説明上述程式碼。

使用 AddItem 方法可以在清單方塊增加字串。輸入 lstBox.AddItem 字串，能在參數加入字串。

這次要將所有工作表的工作表名稱加入清單內，所以利用 For Each 語法，取得所有工作表名稱，並加入清單方塊內。

最後執行選取清單第一個項目的處理（如果沒有描述這項處理，開啟表單之後，清單方塊會顯示為沒有選取任何項目的狀態）。這代表什麼意思？啟動表單時，已經選取了第一個項目的優點是，能讓使用者直覺瞭解「可以選取一個工作表名稱」的規則（圖 12-47）。

圖 12-47

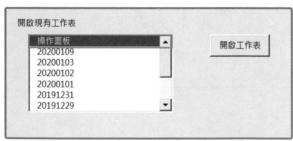

```
lstBox.Selected(0) = True
```

這代表選取了第0個字串的狀態。清單方塊會把儲存的字串數量以0,1,2…的方式記錄下來，所以第一個號碼是「0」。

▪

這樣在啟動使用者表單時，會把所有的工作表名稱自動加入清單方塊內。

建立執行處理的按鈕

建立執行處理的按鈕

最後要建立按下之後會執行處理的按鈕，大致可以分成以下兩個按鈕。

- 「新增工作表」按鈕…自動建立已經命名的新工作表
- 「開啟工作表」按鈕…開啟指定的工作表

以下將依序建立這兩種按鈕。

「新增工作表」按鈕…自動建立已經命名的新工作表

首先要建立「新增工作表」按鈕。

在使用者表單的設計畫面，於「新增工作表」按鈕按兩下滑鼠左鍵，或按下滑鼠右鍵，執行「檢視程式碼」命令，這樣會自動插入「btnAdd_Click」程序（圖12-48）。

圖12-48

上面是按下按鈕（事件）時執行的程序，只要在這個程序內描述處理內容即可。接著要檢視程式碼。

程式 12-9：[FILE：**12-9.xlsm**]

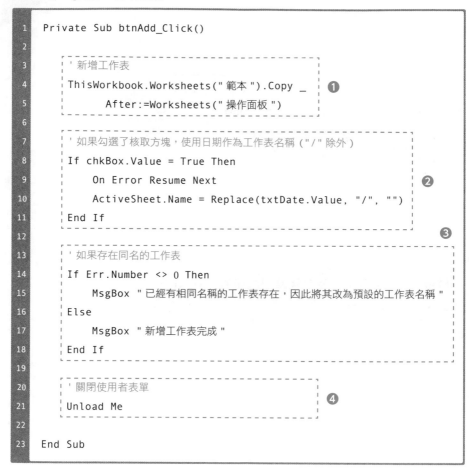

```
1    Private Sub btnAdd_Click()
2
3        ' 新增工作表
4        ThisWorkbook.Worksheets(" 範本 ").Copy _          ❶
5            After:=Worksheets(" 操作面板 ")
6
7        ' 如果勾選了核取方塊，使用日期作為工作表名稱 ("/" 除外 )
8        If chkBox.Value = True Then
9            On Error Resume Next                          ❷
10           ActiveSheet.Name = Replace(txtDate.Value, "/", "")
11       End If
12                                                         ❸
13       ' 如果存在同名的工作表
14       If Err.Number <> 0 Then
15           MsgBox " 已經有相同名稱的工作表存在，因此將其改為預設的工作表名稱 "
16       Else
17           MsgBox " 新增工作表完成 "
18       End If
19
20       ' 關閉使用者表單
21       Unload Me                                         ❹
22
23   End Sub
```

上述程式碼的整體流程是

❶ **新增工作表**

❷ **如果勾選了核取方塊，使用日期作為工作表名稱**

③ 如果存在同名的工作表，就改成預設值

④ 關閉使用者表單

利用以下程式碼

```
' 新增工作表
ThisWorkbook.Worksheets(" 範本 ").Copy _
    After:=Worksheets(" 操作面板 ")
```

拷貝範本工作表，加入新的工作表。

接著判斷是否勾選了核取方塊（chkBox）。

```
' 如果勾選了核取方塊，使用日期作為工作表名稱 ("/" 除外 )
If chkBox.Value = True Then
    On Error Resume Next
    ActiveSheet.Name = Replace(txtDate.Value, "/", "")
End If
```

上述程式是只有 chkBox 的 Value 屬性為 True（亦即使用日期當作工作表名稱時），才會更改工作表名稱。假如直接把日期賦值為工作表名稱，有時會包含「/」符號（工作表名稱不能使用「/」符號，會發生錯誤），所以使用 Replace 函數刪除「/」。假如有同名的工作表，會因為錯誤而停止巨集。為了防止這一點，輸入 On Error Resume Next 陳述式，就算發生錯誤，也會繼續執行。

■

接著是判斷是否發生錯誤的條件。

```
' 如果存在同名的工作表
If Err.Number <> 0 Then
    MsgBox " 已經有相同名稱的工作表存在，因此將其改為預設的工作表名稱 "
Else
    MsgBox " 新增工作表完成 "
End If
```

如果 Err.Number 的值不是 0，即判斷為發生了錯誤。

前面說明過，如果已有同名的工作表會發生錯誤，工作表名稱 詳細說明請參考錯誤處理的章節。
將自動更改成預設的工作表名稱（因為拷貝了「範本」工作
表，所以預設的工作表名稱是「範本（2）」等）。

```
' 關閉使用者表單
Unload Me
```

這是結束使用者表單的程式碼。

Unload 陳述式釋放了目標物件占用的記憶體。「Me」是指使
用者表單。

這樣就完成「新增工作表」按鈕的處理。

「開啟工作表」按鈕…開啟指定的工作表

接著要建立「開啟工作表」按鈕的處理。這次的巨集是開啟在
清單方塊中選取的工作表。

接著要按照以下步驟進行。

首先在使用者表單的設計畫面，於「開啟工作表」按鈕按兩
下滑鼠左鍵，或按下滑鼠右鍵，執行「檢視程式碼」命令（圖
12-49），就會自動插入「btnOpen_Click」（圖 12-50）。

圖 12-49

圖 12-50

```
Private Sub btnOpen_Click()
End Sub
```

和剛才一樣，只要在這個程序內描述處理即可。接著一起來檢視程式碼。。

程式 12-10：[FILE：**12-10.xlsm**]

```
1    Private Sub btnOpen_Click()
2
3        ' 從清單方塊取得儲存的工作表名稱
4        Dim shName As String
5        shName = lstBox.Value
6
7        ' 啟動工作表
8        Worksheets(shName).Activate
9
10       ' 關閉使用者表單
11       Unload Me
12
13   End Sub
```

首先取得在清單方塊選取的值。

```
' 從清單方塊取得儲存的工作表名稱
Dim shName As String
shName = lstBox.Value
```

上述程式碼在變數 shName 儲存了 lstBox.Value 的值。
Value 屬性可以取得在清單方塊選取的值（字串）。

■

最後要說明啟動指定工作表的處理及關閉使用者表單的方法。

```
' 啟動工作表
Worksheets(shName).Activate
' 關閉使用者表單
Unload Me
```

這裡在變數 shName 儲存了剛才從清單方塊取得的值（工作表
名稱）。

因此可以正確開啟指定的工作表名稱。

重點整理

這樣就能製作出使用者表單。

實際操作時，除了使用者表單的操作技巧，可能還需要結合事
件程序、錯誤處理等程式碼。

請搭配其他章節學過的內容，利用使用者表單來製作巨集。

index — KEYWORDS

第一次學 Excel VBA 就上手｜從菜鳥成長為高手的技巧與鐵則

作　　者：たてばやし 淳
譯　　者：吳嘉芳
企劃編輯：莊吳行世
文字編輯：江雅鈴
設計裝幀：張寶莉
發 行 人：廖文良

發 行 所：碁峰資訊股份有限公司
地　　址：台北市南港區三重路 66 號 7 樓之 6
電　　話：(02)2788-2408
傳　　真：(02)8192-4433
網　　站：www.gotop.com.tw
書　　號：ACI034200
版　　次：2021 年 05 月初版
建議售價：NT$500

國家圖書館出版品預行編目資料

第一次學 Excel VBA 就上手：從菜鳥成長為高手的技巧與鐵
則 / たてばやし淳原著；吳嘉芳譯. -- 初版. -- 臺北市：
碁峰資訊, 2021.05
面；　公分
ISBN 978-986-502-834-3(平裝)
1.EXCEL(電腦程式)
312.49E9　　　　　　　　　　　　　　　　　　110007370

讀者服務

- 感謝您購買碁峰圖書，如果
  您對本書的內容或表達上
  有不清楚的地方或其他建
  議，請至碁峰網站：「聯絡
  我們」\「圖書問題」留下您
  所購買之書籍及問題。(請
  註明購買書籍之書號及書
  名，以及問題頁數，以便能
  儘快為您處理)
  http://www.gotop.com.tw

- 售後服務僅限書籍本身內
  容，若是軟、硬體問題，請您
  直接與軟、硬體廠商聯絡。

- 若於購買書籍後發現有破
  損、缺頁、裝訂錯誤之問題，
  請直接將書寄回更換，並註
  明您的姓名、連絡電話及地
  址，將有專人與您連絡補寄
  商品。